PUBLICATIONS SCIENTIFIQUES DE E. LACROIX.

TRAITÉ
DE GÉOMÉTRIE
PRATIQUE

PRÉCÉDÉ

DU SYSTÈME MÉTRIQUE DES POIDS & MESURES

ET SUIVI

DES RÈGLES DE TROIS, D'INTÉRÊT ET D'ESCOMPTE

AVEC UN GRAND NOMBRE DE MODÈLES D'ACTES SOUS SEING PRIVÉ

à l'usage

des Écoles primaires, des Cultivateurs

ET DES OUVRIERS DE TOUTES LES PROFESSIONS

PAR M. MULAT

INSTITUTEUR.

PARIS

LIBRAIRIE SCIENTIFIQUE, INDUSTRIELLE ET AGRICOLE

DE E. LACROIX

ANCIENNE MAISON MATHIAS

15, QUAI MALAQUAIS

TRAITÉ

DE GÉOMÉTRIE

PRATIQUE

Tout exemplaire non revêtu de la signature de l'Auteur sera reputé contrefait.

— CORBEIL. — Typogr. et stér. de CRÉTÉ. —

TRAITÉ
DE GÉOMÉTRIE
PRATIQUE

PRÉCÉDÉ

DU SYSTÈME MÉTRIQUE DES POIDS & MESURES

ET SUIVI

DES RÈGLES DE TROIS, D'INTÉRÊT ET D'ESCOMPTE

AVEC UN GRAND NOMBRE DE MODÈLES D'ACTES SOUS SEING PRIVÉ

à l'usage

des Écoles primaires, des Cultivateurs

ET DES OUVRIERS DE TOUTES LES PROFESSIONS

PAR M. MULAT

INSTITUTEUR.

PARIS

LIBRAIRIE SCIENTIFIQUE, INDUSTRIELLE ET AGRICOLE

DE E. LACROIX

ANCIENNE MAISON MATHIAS

15, QUAI MALAQUAIS

1860

AVANT-PROPOS.

Il existe beaucoup d'ouvrages de géométrie : ce sont, pour la plupart, des cours théoriques destinés aux personnes qui veulent faire une étude étendue de la science ; mais les livres élémentaires sont rares. J'ai donc cru répondre à un besoin en publiant ce *Traité de Géométrie pratique,* qui est un résumé des leçons suivies par mes élèves. Peut-être sera-t-il de quelque utilité à ceux de mes collègues qui voudront bien le lire. Les nombreuses applications qu'il renferme mettront les personnes les moins exercées à même de faire tous les calculs qui se présentent le plus ordinairement dans les diverses professions.

EXPLICATION

DES SIGNES EMPLOYÉS DANS L'OUVRAGE.

$+$ signifie *plus*.

$=$ id. *égale*.

— id. *divisé par*.

$\times$ id. *multiplié par*.

TABLE DES MATIÈRES.

NOTIONS PRÉLIMINAIRES

§ Ier.

1. Il est bon de rappeler ici, avant de commencer, que les chiffres qui composent un nombre ont une valeur dix fois, cent fois, mille fois, etc., plus grande à mesure qu'ils s'éloignent d'un, de deux ou de trois rangs à gauche de l'unité; et réciproquement, ils ont une valeur dix fois, cent fois, mille fois, etc., plus petite à mesure qu'ils s'éloignent d'un, de deux, de trois rangs à droite de l'unité.

2. Puisque c'est la place qu'occupent les unités qui fait la valeur des chiffres placés à gauche ou à droite, il est très-nécessaire de la marquer. On est convenu d'employer une virgule pour indiquer quelles sont les unités; cette virgule se place à la droite du chiffre auquel on veut faire représenter les unités. A droite de cette virgule, sont les chiffres qui représentent les parties de l'unité, et que l'on appelle *décimales*. Le premier chiffre à droite de la virgule représente des *dixièmes*, le deuxième des *centièmes*, le troisième des *millièmes*, etc. Dans le nombre suivant, 14874, si l'on voulait faire représenter les unités par le chiffre 8, il suffirait de placer la virgule à sa droite, et l'on aurait 148,74 : le 7 représentera les dixièmes et le 4 les centièmes, ce qui donne 148 unités 7 dixièmes 4 centièmes, ou tout simplement 148 unités 74 centièmes.

3. En avançant la virgule d'un rang vers la droite, on multiplie le nombre par 10; si on l'avance de deux rangs, on le multiplie par 100. Ainsi, en mettant la virgule entre le 7 et le 4, on a 1487,4, nombre qui est dix fois plus fort, puisque le 8, qui représentait des unités, représente maintenant des dixaines. En reculant maintenant la virgule de deux rangs vers la gauche, on rendra ce nombre 100 fois plus petit; car, en plaçant la virgule entre le 4 et le 8, le 4, qui représentait des centaines, ne représentera plus que des unités, et l'on aura 14 unités 874 millièmes.

4. Un nombre qui renferme des décimales ne change point de valeur lorsqu'on met des zéros à la suite du dernier chiffre. Soit 8,42 centièmes. Si l'on ajoute un zéro à la droite du 2, on ne changera pas la valeur du nombre décimal, car, s'il y a dix fois plus de parties, les parties sont devenues dix fois plus petites. Il en serait de même si l'on ajoutait plusieurs zéros. De même aussi, on peut supprimer tous les zéros qui sont à la droite d'un nombre décimal, sans en altérer la valeur.

Nous allons passer maintenant aux opérations.

§ II.

ADDITION.

5. *L'addition sur les nombres décimaux s'effectue de la même manière que celle des nombres entiers; seulement, au total, on a le soin de séparer par la virgule autant de chiffres décimaux qu'il y en a dans le nombre qui en contient le plus.*

Exemples.

N° 1.	N° 2.	N° 3.
4,2	247,80	2347,28
13,07	3468,25000	402,284
6,9423	4,00782	12,2347
147,6004	406,27456	6,47326
171,8127	4126,33238	2768,27196

6. Pour effectuer l'addition de plusieurs fractions décimales ou métriques, on suit exactement la marche indiquée au n° 5.

Exemples.

N° 1.	N° 2.	N° 3.
0,476	0,2345	0,4
0,28	0,143	0,62
0,4762	0,62	0,847
0,8	0,8	0,9876
2,0322	1,7975	2,8546

§ III.

SOUSTRACTION.

7. *La soustraction des nombres décimaux est soumise aux mêmes règles que celle des nombres entiers. La preuve se fait également de la même manière.*

Exemple.

271,2950
194,5623
76,7327 différence.
271,2950 preuve.

8. La soustraction des nombres décimaux présente un cas qui ne se trouve point dans celle sur les nombres entiers : ce cas est celui où l'un des deux nombres proposés renferme moins de chiffres décimaux que l'autre. Si ce cas se rencontre, il faut égaliser le nombre des chiffres décimaux dans les deux nombres proposés. Soit à soustraire 42,245, de 43,42.

Opération.

```
 43,420
 42,245
 ------
 01,175 différence.
```

§ IV.

MULTIPLICATION.

9. *Pour multiplier deux nombres décimaux l'un par l'autre, il faut opérer comme sur les nombres entiers, c'est-à-dire sans faire attention à la virgule ; seulement au produit, on sépare à droite autant de chiffres décimaux qu'il y en a dans le multiplicande et dans le multiplicateur.*

Exemples.

```
  4,25                  3,4
  2,3                   5,25
 -----                -------
 12 75                  170
 85 00                  680
 -----                17000
  9,775 produit.      -------
                       17,850 produit.
```

10. Un cas particulier se présente dans la multiplication des nombres décimaux, c'est celui où le nombre des chiffres significatifs du produit est inférieur à la somme des décimales contenues dans les deux facteurs. On multiplie les chiffres significatifs et l'on ajoute à la gauche du produit assez de zéros pour que le nombre placé à droite de la virgule contienne le nombre de décimales voulu.

Exemple.

$$\begin{array}{r} 0,0042 \\ 0,005 \\ \hline 0,0000210 \end{array}$$

Dans cet exemple, on a été obligé d'ajouter quatre zéros à la gauche de 210, pour obtenir le véritable produit demandé.

§ V.

DIVISION.

11. *Pour diviser l'un par l'autre deux nombres accompagnés de chiffres décimaux, il faut mettre à la suite de celui qui en a le moins un nombre suffisant de zéros pour qu'il y ait autant de décimales dans le dividende que dans le diviseur. On supprime alors la virgule et l'on opère comme dans une division de nombres entiers.*

Exemples.

N° 1. 42,740 | 3,4. N° 2. 647,846 | 4,7462

N° 3. 4,25 | 0,456.

On donnera aux trois opérations ci-dessus la forme indiquée par la règle, et l'on obtiendra :

```
No 1.  42740 | 3400.        No 2.  6478460 | 47462.
        8740 |------               173226  |------
        1900 | 12                   508400 | 136
                                     23628 |

               No 3.  4250 | 0456
                       146 |-----
                           | 9
```

12. Si l'on veut avoir des décimales au quotient, il suffit de mettre à la suite du reste autant de zéros que l'on veut avoir de décimales au quotient.

Je reprends la division du nº 3, et je pousse le quotient jusqu'aux millièmes; c'est-à-dire que je veux avoir trois décimales au quotient.

Opération.

```
 4250   | 0456
 146000 |------
    920 | 9,320
    080 |
```

La division de 4250 par 456 donnant pour reste 146, on a multiplié ce reste par 1000, parce que l'on veut obtenir le quotient à un millième près, ce qui a donné le nouveau dividende 146000, sur lequel opérant, comme il est dit au Nº 11, on a trouvé 9,320 millièmes pour expression du quotient de la division des deux nombres proposés, approché à 1 millième près.

13. Pour convertir une fraction à deux termes en fraction décimale, il faut diviser le numérateur par le

dénominateur, en plaçant à la droite du numérateur autant de zéros que l'on veut avoir de chiffres décimaux au quotient.

Exemples. — *Soit à réduire en fractions décimales les fractions suivantes :* 2/3, 4/16, 3/4.

Opérations.

Nº 1.	Dividende	Diviseur / Quotient
	200	3
	20	0,66
	2	

Nº 2.	Dividende	Diviseur / Quotient
	4000	16
	80	0,250
	00	

Nº 3.	Dividende	Diviseur / Quotient
	30000	4
	20	0,7500
	000	

Je crois inutile d'entrer dans de plus grands détails sur le système décimal ; je vais continuer en exposant tout ce qui a rapport aux nouvelles mesures.

SYSTÈME MÉTRIQUE.

§ VI.

14. Le Système métrique est la nomenclature des nouveaux poids et mesures adoptés par le Gouvernement. On l'appelle *métrique*, parce que toutes les unités principales de ce système sont basées sur le mètre. On l'appelle *légal*, parce qu'il est le seul reconnu par la loi.

15. *Mesurer, c'est chercher combien de fois une grandeur que l'on désire connaître, contient une autre grandeur que l'on connaît* : cette dernière grandeur se nomme *mesure* ou *unité de mesure*.

16. Il faut toujours que l'unité de mesure soit de même espèce que l'objet que l'on veut mesurer. On a donc besoin d'autant d'espèces de mesures que l'on a d'espèces de grandeurs à mesurer.

17. On a communément six espèces de *grandeurs* à mesurer, savoir :

1° Les *Longueurs*, comme la longueur d'un cordeau,
— la longueur d'un fossé,
— la longueur d'un arbre.

2° Les *Surfaces*, comme la surface d'un jardin,
— la surface d'une toiture,
— la surface d'un plancher

3° Les *Volumes*, comme le volume d'une pierre,
— le volume d'une poutre,
— le volume d'un tas de terre.

4° Les *Contenances*, comme la contenance d'un seau
— la contenance d'un cuveau,
— la contenance d'un tonneau.

5° Les *Poids*, comme le poids d'une marchandise quelconque,
— le poids d'un pain de sucre,
— le poids d'une barre de fer.

6° Les *Valeurs*, comme la valeur d'un âne,
— la valeur d'une prairie,
— la valeur d'un pantalon.

18. Puisqu'il y a six espèces de grandeurs à mesurer, il y a six espèces de *mesures*, savoir :

1° Le MÈTRE, qui est l'unité de *longueur*.

2° Le MÈTRE CARRÉ, qui est l'unité de *surface*.

3° Le MÈTRE CUBE, qui est l'unité de *volume*.

4° Le LITRE, qui est l'unité de *capacité* ou de *contenance*.

5° Le GRAMME, qui est l'unité de *poids*.

6° Le FRANC, qui est l'unité de *monnaie*.

19. Pour exprimer des mesures plus grandes que les unités principales, on est convenu d'employer quatre mots que l'on a tirés de la langue grecque et que l'on appelle *multiples*; ces quatre multiples sont :

	DÉCA,	HECTO,	KILO,	MYRIA,
qui signifient	*dix,*	*cent,*	*mille,*	*dix mille.*

20. De même, pour exprimer des unités plus petites que les unités principales, on est convenu d'employer trois mots que l'on a tirés de la langue latine, et que l'on appelle *sous-multiples;* ces trois sous-multiples sont :

	DÉCI,	CENTI,	MILLI,
qui signifient	*dixième,*	*centième,*	*millième.*

21. Ces sept mots se placent devant le nom de chaque unité principale, de manière à former des noms composés qui indiquent l'espèce et la grandeur de chaque unité. Ainsi on appelle :

KILOGRAMME, un poids de mille grammes;
DÉCAMÈTRE, une longueur de dix mètres;
HECTARE, une surface de cent ares;
MYRIALITRE, une contenance de dix mille litres;
CENTIGRAMME, la centième partie du gramme;
DÉCIMÈTRE, la dixième partie du mètre;
MILLIGRAMME, la millième partie du gramme.

§ VII.

22. Le MÈTRE est l'unité fondamentale de toutes les nouvelles mesures, auxquelles il sert de base, et que l'on a nommées pour cette raison mesures métriques. Il est égal à la dix-millionième partie du quart du méridien terrestre, ou à la quarante-millionième partie de la circonférence de la terre.

EXPLICATIONS.

MESURES LINÉAIRES OU DE LONGUEUR.

23. Le *myriamètre* est l'unité pour les grandes distances terrestres et maritimes. C'est un multiple du

mètre. Il est égal à dix kilomètres ou dix mille mètres. Il remplace la lieue.

24. Le *kilomètre linéaire* est l'unité pour les petites distances sur les routes. C'est un multiple du mètre, il est égal à dix hectomètres ou mille mètres. C'est le quart de la lieue de poste.

25. L'*hectomètre linéaire* est l'unité pour les chemins vicinaux et autres distances semblables. C'est un multiple du mètre; il est égal à dix décamètres ou cent mètres.

26. Le *décamètre linéaire* est l'unité pour les petites distances. C'est un multiple du mètre. Il est égal à dix mètres. Il sert de chaîne d'arpenteur lorsqu'il est construit en fer.

27. Le *mètre linéaire,* ainsi que le *décimètre,* qui en est la dixième partie, le *centimètre,* qui en est la centième partie, et le *millimètre,* qui en est la millième partie, est employé pour mesurer les petites distances, les étoffes, les ouvrages de maçonnerie ou de menuiserie.

MESURES CARRÉES OU DE SUPERFICIE EN GÉNÉRAL.

28. Le *myriamètre carré* est l'unité pour l'étendue des territoires des états, des gouvernements. C'est un carré de dix mille mètres de côté. Il est égal à cent kilomètres carrés, ou à cent millions de mètres carrés. Il remplace la lieue carrée.

29. Le *kilomètre carré* est l'unité pour le territoire des départements, des cantons, etc. C'est un carré de mille mètres de côté. Il est égal à cent hectomètres carrés, ou un million de mètres carrés.

30. L'*hectomètre carré* et le *décamètre carré* ne sont en usage que pour les mesures agraires : alors ils prennent le nom d'*hectare* et d'*are*.

31. Le *mètre carré* est l'unité de mesure pour les ouvrages de peinture, de menuiserie, etc. C'est un carré d'un mètre de côté; il vaut cent décimètres carrés. Il remplace la toise carrée et les pieds carrés de l'ancien système.

32. Le *décimètre carré* est un sous-multiple du mètre carré et sa centième partie. C'est un carré d'un décimètre de côté. Il est égal à cent centimètres carrés.

33. Le *centimètre carré* est un sous-multiple du mètre carré et sa dix-millième partie. C'est un petit carré d'un centimètre de côté. Il est égal à cent millimètres carrés.

MESURES AGRAIRES OU DE SUPERFICIE DES TERRAINS.

34. Pour évaluer les surfaces agraires, c'est-à-dire les surfaces des champs, des terrains, des biens-fonds, on emploie :

35. L'*hectare*, qui est un multiple de l'are. C'est l'unité pour les grandes propriétés. C'est un carré d'un hectomètre ou dix décamètres de côté; il est égal à cent ares, ou à cent décamètres carrés, ou à dix mille mètres carrés. Il remplace l'arpent, le journal, etc., de l'ancien système.

36. L'*are*, qui est l'unité pour les petites propriétés. C'est un carré de dix mètres de côté; il est égal à cent centiares ou cent mètres carrés. Il remplace la corde et la perche de l'ancien système.

37. Le *centiare*, qui est un sous-multiple de l'are et sa centième partie. C'est un carré d'un mètre de côté.

MESURES DE VOLUME OU DE SOLIDITÉ.

38. Le *mètre cube* est l'unité pour le volume des corps en général. C'est un cube ayant un mètre de longueur sur chacune de ses six faces; il est égal à mille décimètres cubes. Il remplace la toise cube.

39. Le *décimètre cube* est un sous-multiple du mètre cube et sa millième partie. C'est un petit cube ayant un décimètre de longueur sur chacune de ses six faces. Il est égal à mille centimètres cubes.

40. Le *centimètre cube* est un sous-multiple du mètre cube et sa millionième partie. C'est un petit cube ayant un centimètre de longueur sur chacune de ses six faces. Il est égal à mille millimètres cubes.

MESURES DE SOLIDITÉ POUR LES BOIS.

41. Le *décastère* est un multiple du stère; c'est l'unité pour les grandes fournitures de bois de chauffage. Il est égal à dix stères ou dix mètres cubes.

42. Le *stère* est l'unité pour les bois de charpente et de chauffage. Il est égal à un mètre cube ou dix décistères. Il remplace la corde, la voie, la solive, etc., de l'ancien système.

43. Le *décistère* est un sous-multiple du stère et sa dixième partie. C'est l'unité pour les bois de charpente vendus en détail. Il est égal à cent décimètres cubes.

44. Le *centistère* est un sous-multiple du stère et sa centième partie. Il est égal à dix décimètres cubes.

MESURES DE CONTENANCE OU DE CAPACITÉ.

45. Pour mesurer les liquides en général, pour mesurer les grains et toutes les matières sèches, le charbon, le plâtre, la chaux, etc., on emploie :

46. Le *kilolitre*, qui est un multiple du litre; il est égal à mille litres ou à un mètre cube.

47. L'*hectolitre*, qui est un multiple du litre; il est égal à cent litres ou à cent décimètres cubes.

48. Le *décalitre*, qui est un multiple du litre; il est égal à dix litres ou à dix décimètres cubes.

49. Le *litre*, qui est l'unité pour les liquides et les matières sèches; il est égal à un décimètre cube. Il remplace la velte, la pinte, etc., de l'ancien système.

50. Le *décilitre*, qui est un sous multiple du litre et sa dixième partie.

51. Le *centilitre*, qui est un sous-multiple du litre et sa centième partie.

MESURES DE PESANTEUR OU POIDS.

52. Pour évaluer les poids d'une grandeur moyenne, tels que les poids des objets qui servent à nos usages journaliers, le poids du pain, de la viande, du sel, etc., on emploie :

53. Le *millier*, qui est le poids du tonneau de mer; il est égal à mille kilogrammes, c'est-à-dire au poids d'un mètre cube d'eau.

54. Le *quintal-métrique*, qui est un poids de cent kilogrammes; on l'emploie pour le commerce en gros.

55. Le *myriagramme*, qui est un multiple du gramme; il est égal à dix kilogrammes ou à dix mille grammes.

56. Le *kilogramme*, qui est un multiple du gramme; c'est l'unité de poids pour le commerce ordinaire. Il est égal à mille grammes ou au poids d'un décimètre cube d'eau pure. Il remplace la livre, les onces, etc., de l'ancien système.

57. L'*hectogramme*, qui est un multiple du gramme; il est égal au poids de cent grammes ou de cent centimètres cubes.

58. Le *décagramme*, qui est un multiple du gramme; il est égal au poids de dix grammes ou de dix centimètres cubes.

59. Le *gramme*, qui est l'unité pour les petites pesées; il est égal au poids d'un centimètre cube d'eau distillée. Il remplace le gros et les grains de l'ancien système.

60. Le *décigramme*, qui est un sous-multiple du gramme et sa dixième partie; il est égal à dix centigrammes.

61. Le *centigramme*, qui est un sous-multiple du gramme et sa centième partie; il est égal à dix milligrammes.

62. Le *milligramme*, qui est un sous-multiple du gramme et sa millième partie. Ces quatre derniers poids ne sont employés que par les lapidaires, les joailliers pour constater le poids des bijoux et des pierres précieuses. Tous les poids sont construits en fer ou en cuivre.

MESURES DE VALEUR OU MONNAIES.

63. Le *franc* est l'unité monétaire; c'est une pièce de monnaie du poids de cinq grammes, dont les neuf

dixièmes sont en argent pur et l'autre dixième en cuivre. Il vaut dix décimes ou cent centimes.

64. Le *décime* est un sous-multiple du franc et sa dixième partie. C'est une pièce de monnaie dont la valeur est égale à dix centimes.

65. Le *centime* est un sous-multiple du franc et sa centième partie; c'est la plus petite pièce de monnaie que nous ayons.

§ VIII.

DESCRIPTION

DES MESURES ET INSTRUMENTS DE MESURAGE DANS LES CONDITIONS IMPOSÉES PAR LA LOI.

Description des mesures de longueur.

66. On évalue les longueurs à l'aide des mesures suivantes :

67. 1° Le *mètre en bois*, qui est un bâton rond ou rectangulaire, divisé en décimètres et en centimètres. Le premier décimètre est divisé en centimètres et en millimètres.

68. 2° Le *mètre en métal*, qui est une règle plate en cuivre ou en fer, divisée en décimètres, centimètres et millimètres. On l'emploie pour les mesures qui exigent une grande précision.

69. 3° Le *mètre pliant*, qui est un instrument de poche formé de dix pièces en bois ou en baleine, se repliant les unes sur les autres; chaque pièce est d'un décimètre et porte des centimètres. Cet instrument,

lorsqu'il est en baleine, sert à mesurer les circonférences.

70. 4° Le *demi-mètre*, qui est une règle en bois divisée en décimètres, en centimètres et quelquefois en millimètres. Le demi-mètre est souvent formé de deux pièces qui se replient l'une sur l'autre : il devient alors un instrument de poche qui sert aux ouvriers.

71. 5° Le *double-mètre*, qui est une règle en bois divisée en décimètres et en centimètres : il sert aux ouvriers et aux arpenteurs.

72. 6° Le *double-décimètre*, qui est une règle en bois, plate ou triangulaire, divisée en centimètres et en millimètres : il sert aux dessinateurs. La forme triangulaire permet d'appliquer la mesure avec précision sur le papier sans faire usage du compas.

73. 7° La *chaîne d'arpenteur* ou *décamètre*, qui est une chaîne en fer ou en laiton, formée de cinquante chaînons chacun. Les mètres sont indiqués par des anneaux plus grands que les autres, ou par des anneaux en métal d'une autre couleur.

Description des mesures de contenance.

74. Les mesures de contenance destinées aux liquides et aux graines sont : le *kilolitre*, l'*hectolitre*, le *décalitre*, le *litre*, le *décilitre*, le *centilitre* et le *millilitre*. Mais afin de donner à la vente des divers objets toute la facilité que l'on peut désirer, la loi tolère des mesures intermédiaires qui sont les moitiés et les doubles des précédentes. C'est une exception à la règle qu'on s'était imposée de n'admettre que le seul nombre dix.

Voici l'ensemble des mesures de contenance dont on fait usage :

75. HECTOLITRE,	100	litres.
Demi-hectolitre,	50	
Double-décalitre,	20	
DÉCALITRE,	10	
Demi-décalitre,	5	
Double-litre,	2	
LITRE,	1	
Demi-litre,	5	décilitres.
Double-décilitre,	2	
DÉCILITRE,	1	
Demi-décilitre,	5	centilitres.
Double-centilitre,	2	
CENTILITRE,	1	

76. On ne fait pas usage de mesures plus grandes que l'hectolitre, ni plus petites que le centilitre.

Description du stère.

77. L'instrument qui sert à mesurer les bois de chauffage se compose : 1° d'une première pièce de bois appelée *sole*, qui se place horizontalement ; 2° de deux autres pièces, appelées *montants*, qui s'assemblent verticalement sur la sole ; 3° de deux pièces appelées *contrefiches*, qui se posent obliquement entre la sole et les montants, en dehors de l'appareil.

78. On entasse le bois à mesurer entre les deux montants et la sole. (*Voyez* Figure 1.)

79. La longueur de la sole entre les montants est fixée ainsi qu'il suit :

Pour le stère,	1 mètre.
Pour le double-stère,	2 mètres.

80. Les montants sont divisés en décimètres qui in-

diquent les dixièmes du volume que peut donner l'appareil quand il est rempli. On ne tient pas compte des centimètres de hauteur.

81. Lorsque les bûches ne sont pas coupées à un mètre de longueur, la hauteur des montants varie de manière à toujours reproduire un volume de un, deux ou cinq mètres cubes ; la longueur de la sole reste fixée comme il a été dit au nº 79.

Description des poids.

82. Les poids peuvent se partager en trois ordres de grandeur : les *gros poids*, les *poids moyens* et les *petits poids*.

83. Les gros poids sont ceux qui dépassent un kilogramme; les poids moyens vont du kilogramme au gramme; les petits poids vont du gramme au milligramme.

84. Comme pour les mesures de contenance, la loi tolère des mesures intermédiaires entre les mesures décimales, ces mesures intermédiaires sont les doubles et les moitiés des précédentes. Voici l'ensemble des poids dont on fait usage :

Gros poids, multiples du kilogramme.

Double-myriagramme,	20 kilogrammes.
MYRIAGRAMME,	10
Demi-myriagramme,	5
Double-kilogramme,	2
KILOGRAMME,	1

Poids moyens, multiples du gramme.

KILOGRAMME,	1000 grammes.
Demi-kilogramme,	500
Double-hectogramme,	200
HECTOGRAMME,	100
Demi-hectogramme,	50
Double-décagramme,	20
DÉCAGRAMME,	10
Demi-décagramme,	5
Double-gramme,	2
GRAMME,	1

Petits poids, sous-multiples du gramme.

GRAMME,	10 décigrammes.
Demi-gramme,	5
Double-décigramme,	2
DÉCIGRAMME,	10 centigrammes.
Demi-décigramme,	5
Double-centigramme,	2
CENTIGRAMME,	10 milligrammes.
Demi-centigramme,	5
Double-milligramme,	2
MILLIGRAMME,	1

85. On ne fait pas usage de poids plus gros que le double-myriagramme, ni plus petits que le milligramme.

86. Les quintaux, les tonneaux de mer n'existent pas effectivement. Pour évaluer les poids considérables, il faut avoir à sa disposition un nombre suffisant de poids de vingt kilogrammes. Quant aux poids moin-

dres que le milligramme, il n'est pas possible de les évaluer; le milligramme est déjà si petit qu'il fait à peine dévier les balances les plus sensibles.

Description des monnaies.

87. On fait usage de dix pièces de monnaies différentes : deux d'or, cinq d'argent, trois de cuivre.

1°	La *pièce de*	5	francs,	en argent,
2°	—	2	—	—
3°	—	1	—	—
4°	—	50	centimes,	—
5°	—	25	—	—
6°	—	40	francs,	en or.
7°	—	20	—	—
8°	—	10	centimes ou décime,	en cuivre.
9°	—	5	—	—
10°	—	1	—	—

88. Il est question de remplacer la monnaie de cuivre par une monnaie de bronze qui soit uniforme, en harmonie avec le système décimal, moins lourde et moins embarrassante et peu altérable.

dres que le milligramme, il n'est pas possible de les évaluer; le milligramme est déjà si petit qu'il fait à peine dévier les balances les plus sensibles.

Description des monnaies.

87. On fait usage de dix pièces de monnaies différentes : deux d'or, cinq d'argent, trois de cuivre.

1° La pièce de	5 francs,	en argent.
2° —	2 —	—
3° —	1 —	—
4° —	50 centimes,	—
5° —	25 —	—
6° —	40 francs,	en or.
7° —	20 —	—
8° —	10 centimes ou décime,	en cuivre.
9° —	5 —	—
10° —	1 —	—

88. Il est question de remplacer la monnaie de cuivre par une monnaie de bronze qui soit uniforme, en harmonie avec le système décimal, moins lourde et moins embarrassante et peu altérable.

GÉOMÉTRIE.

NOTIONS PRÉLIMINAIRES.

§ IX.

89. Je dois exposer ici l'énoncé régulier d'un produit résultant de la multiplication de deux nombres quelconques de mètres et de parties décimales du mètre l'un par l'autre. Cette observation est applicable au toisé métrique et à l'évaluation des terrains, lorsque l'on prend le mètre pour unité.

90. Après avoir évalué une surface dont le produit donne des décimales, on devra se rappeler que les deux premiers chiffres à droite de la virgule expriment des décimètres carrés et les deux en suivant des centimètres carrés : ainsi ce nombre $9^{m}4225$, s'énoncera 9 mètres carrés 42 décimètres carrés 25 centimètres carrés. Si le nombre des décimales n'était pas paire, il faudrait y ajouter un zéro ; ainsi 3 mèt. car. 5 s'énonceront 3 mètres carrés 50 décimètres carrés.

91. L'Are est une surface de 10 mètres de côté ou 100 mètres carrés de superficie. Le *centiare*, qui en

est la centième partie, vaut 1 mètre carré. L'*hectare* est une surface de 100 mètres de côté ou 10,000 mètres carrés. Ainsi on réduit les mètres carrés en ares en reculant la virgule de deux chiffres vers la gauche, et pour avoir des hectares il faut la reculer de quatre.

Ainsi, pour savoir combien 12456 mètres carrés représentent d'ares, je place la virgule entre le 5 et le 4. J'ai 124 ares 56 centiares, ou bien 1 hectare 24 ares 56 centiares.

92. Dans les mesures de solidité, le mètre cube vaut 1000 décimètres cubes ou 1000000 de centimètres cubes; donc, pour représenter des décimètres cubes, il faut avancer la virgule de trois rangs vers la droite, et pour représenter des centimètres cubes, de six. Ainsi ce nombre 4 m. c. 275676 s'énoncera 4 mètres cubes 275 décimètres cubes 676 centimètres cubes.

DÉFINITIONS DES FIGURES GÉOMÉTRIQUES.

LIGNES DROITES.

93. La *ligne droite* est le plus court chemin d'un point à un autre. Ainsi la ligne AB est une ligne droite. *(Fig. 2.)*

94. La *ligne horizontale* ou ligne de niveau est une ligne droite que l'on conçoit tracée sur la surface de l'eau bien tranquille. C'est ce que l'on appelle *plan horizontal. (Fig. 2 bis.)*

La ligne CD est une ligne horizontale.

95. La *ligne verticale* est une droite qui suit la direction du fil à plomb.

La ligne EF *(Fig. 3.)* est une verticale.

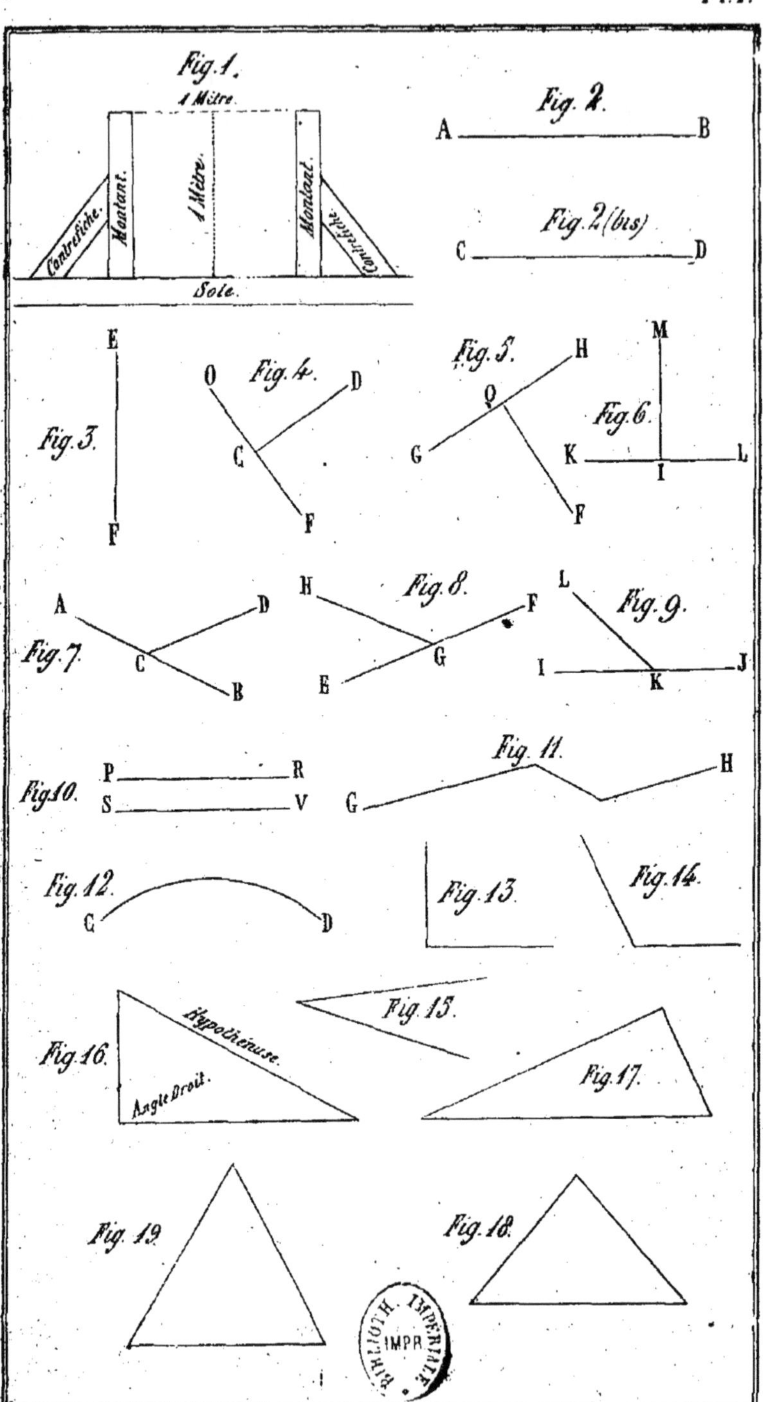
Fig.1.
1 Mètre.
Contrefiche.
Montant.
1 Mètre.
Montant.
Contrefiche.
Sole.
Fig. 2.
A
B
Fig. 2 (bis)
C
D
E
Fig. 3.
F
O
Fig. 4.
D
C
F
Fig. 5.
H
O
G
F
M
Fig. 6.
K
I
L
A
D
Fig. 7.
C
B
H
Fig. 8.
F
G
E
L
Fig. 9.
I
K
J
Fig. 11.
H
Fig. 10.
P
R
S
V
G
Fig. 12.
C
D
Fig. 13.
Fig. 14.
Fig. 15.
Fig. 16.
Hypothénuse.
Angle Droit.
Fig. 17.
Fig. 19.
Fig. 18.
BIBLIOTH. IMPERIALE
IMPR.

96. La *ligne perpendiculaire* est une droite qui en tombant sur une autre ne penche pas plus d'un côté que de l'autre.

Les lignes CD, QF, IM sont des perpendiculaires, parce qu'en tombant sur les lignes OF, GH, KL, elles ne penchent pas plus d'un côté que de l'autre. (*Fig.* 4, 5, 6.)

97. La *ligne oblique* est celle qui, en tombant sur une autre, penche plus d'un côté que de l'autre.

Les lignes CD, GH, KL sont des lignes obliques, parce qu'en tombant sur les lignes AB, EF, IJ, elles penchent plus d'un côté que de l'autre. (*Fig.* 7, 8, 9.)

98. *Deux lignes sont parallèles* lorsqu'elles sont également éloignées l'une de l'autre dans leur étendue.

Les lignes PR, SV sont dites parallèles, parceque, dans toute leur étendue, elles sont également distantes. (*Fig.* 10.)

99. La *ligne brisée* est une ligne composée de lignes droites.

La ligne GH est une ligne brisée. (*Fig.* 11.)

100. La *ligne courbe* est celle qui n'est ni droite ni composée de lignes droites.

La ligne CD est une ligne courbe. (*Fig.* 12.)

101. L'*angle* est l'espace compris entre deux lignes droites qui se coupent en un point, et le point où elles se coupent se nomme *sommet*.

102. Il y a trois sortes d'angles : le *droit*, l'*obtus*, l'*aigu*.

103. L'angle droit est celui qui est formé par une ligne qui tombe perpendiculairement sur une autre. (*Fig.* 13.)

104. L'angle obtus est celui qui est plus grand que l'angle droit. (*Fig.* 14.)

105. L'angle aigu est celui qui est plus petit que l'angle droit. *(Fig. 15.)*

§ X.

TRIANGLES.

106. Il n'est pas rare de rencontrer des champs de la forme d'un triangle : quand deux chemins, par exemple, se rencontrent, l'espace qui les sépare est angulaire. Il suffit qu'une ligne de sillon joigne les chemins, pour que le triangle existe.

107. Dans la pratique, il arrive rarement que les angles se trouvent exactement droits ; d'ailleurs, il serait trop long de les essayer tous pour le savoir. Il est plus simple de prendre tout de suite le plus grand côté d'un triangle pour base, et d'élever sur celle-ci une perpendiculaire que l'on mesure, ainsi que la base.

108. Un *triangle* est une surface plane renfermée entre trois lignes droites qui se coupent. Les triangles ont différents noms, qui viennent de leur forme.

109. Un *triangle* est dit *rectangle*, lorsqu'il a un angle droit, et par conséquent deux angles aigus. Le côté opposé à l'angle droit est appelé *hypothénuse*. *(Fig. 16.)*

110. Un *triangle* est dit *scalène* lorsqu'il a les trois côtés inégaux. *(Fig. 17.)*

111. Un *triangle* est dit *isocèle* lorsqu'il a deux côtés égaux. *(Fig. 18.)*

112. Un *triangle* est dit *équilatéral* lorsqu'il a les trois côtés égaux. *(Fig. 19.)*

113. Quelle que soit la forme d'un triangle, pour en trouver la surface, lorsqu'il est accessible en dedans et en dehors, il faut :

Multiplier la longueur de la base par la hauteur de la perpendiculaire, et prendre la moitié du produit : cette moitié sera la surface demandée.

Exemple.

114. Quelle est la surface du triangle ABC, dont la base AC a 48^{m} 50 et la hauteur KB 22^{m} 70. *(Fig. 20.)*

Opération.

```
   48,50
   22,70
 -------
  339500
  970000
 9700000
--------
1100,9500
 550,4750 demi-produit.
```

Comme il a été dit au n° 9, je sépare quatre chiffres à la droite du produit, et j'ai 1100 mètres carrés 85 décimètres carrés, dont la moitié est de 550,4750 ou 5 ares 50 centiares : on néglige les décimales. On doit se rappeler qu'un centiare est e mètre carré.

Réponse. 5 ares 50 centiares.

Mesurer un triangle quand on ne peut avoir que la longueur des trois côtés.

115. Pour chercher la surface d'un triangle, lorsqu'on ne peut mesurer que les trois côtés, il faut :

1° *Calculer la somme des trois côtés, puis en prendre la moitié;*

2° *Retrancher de cette moitié les trois côtés successivement, et l'on obtiendra trois restes;*

3° *Multiplier cette moitié par le produit des trois restes;*

4° *Extraire la racine carrée du dernier produit. Cette racine donne la surface du triangle.*

116. Quelle est la surface du triangle OPB, dont le côté OP aurait 25 mètres, le côté PB 20 mètres et le côté OB 32 mètres? *(Fig. 21.)*

Opérations.

25
20
32
77 somme des côtés.
38,50 moitié.

Soustractions.

38,50	38,50	38,50
25,00	20,00	32,00
13,50 (1er reste.)	18,50 (2e reste.)	6,50 (3e reste.)

Multiplications.

13,50 1er reste.
18,50 2e reste.
67500
1080000
1350000
249,7500
6,50 3e reste.
124 875000
1498 500000
1623,375000 produit des trois restes.

1623,375000
38,50 1/2 som. des trois côtés.
81168750000
1298700000000
4870125000000
62499,9375~~0000~~
224
4899
498

249 racine
44
4
489
9

RÉPONSE. 249 mètres carrés, ou 249 centiares, ou 2 ares 49 centiares.

§ XI.

FIGURES RECTANGULAIRES.

CARRÉ.

117. Un carré est une figure rectangulaire dont les quatre côtés sont égaux et les angles droits.

118. *Pour chercher la surface du carré, il faut mesurer la base et la hauteur et multiplier ces deux dimensions l'une par l'autre. Le mot base remplace le mot longueur; le mot hauteur remplace le mot largeur.*

119. Quelle est la surface du carré ABCD, dont la base AD aurait $42^{m}25$, et la hauteur AB $42^{m}25$? *(Fig. 22.)*

Après avoir mesuré ce carré, je trouve que chaque côté a $42^{m}25$; donc je multiplie un côté par lui-même et j'ai le produit qui se trouve être la surface du carré.

Opération.

```
    42,25
    42,25
    -----
    21125
    84500
   845000
 16900000
---------
1785,0625
```

Réponse : 17 ares 85 centiares.

Je sépare quatre chiffres décimaux à la droite du

produit; il me reste alors 1785 mètres carrés 6 décimètres carrés 25 centimètres carrés, ou 1785 centiares, ou 17 ares 85 centiares.

RECTANGLE.

120. Un rectangle est un quadrilatère dont les côtés sont égaux et parallèles deux à deux et les angles droits.

121. *Pour chercher la surface d'un rectangle, il faut multiplier la base par la hauteur.*

122. Quelle est la surface du rectangle OPQR, dont la base OR aurait 74^{m}28 et la hauteur OP 12^{m}75? (*Fig.* 22 *bis.*)

Opération.

```
   74,28
   12,75
 -------
   37140
  519960
 1485600
 7428000
 -------
947,0700
```

RÉPONSE : 9 ares 47 centiares.

Je sépare quatre chiffres décimaux à la droite du produit; il me reste 947 mètres carrés 7 décimètres carrés, ou 947 centiares, ou 9 ares 47 centiares.

PARALLÉLOGRAMME.

123. Un parallélogramme est un quadrilatère dont les côtés sont égaux et parallèles deux à deux et les angles aigus et obtus.

124. *Pour chercher la surface d'un parallélogramme il faut multiplier la base par la hauteur.*

125. Quelle est la surface du parallélogramme ABCD, dont la base AD à 84^{m} 50 et la hauteur BF 45^{m} 25? *(Fig. 23.)*

Opération.

```
     84,50
     45,25
   -------
     42250
    169000
   4225000
  33800000
----------
 3823,6250
```

Réponse : 38 ares 23 centiares.

Je sépare au produit quatre chiffres à la droite, il me reste 4823 mètres carrés 22 décimètres carrés 50 centimètres carrés, ou 3823 centiares, ou 38 ares 23 centiares.

TRAPÈZE.

126. Un trapèze est un quadrilatère qui a deux côtés parallèles.

127. *Pour trouver la surface d'un trapèze, il faut additionner les deux côtés parallèles, multiplier cette somme par la hauteur et prendre la moitié du produit.*

128. Quelle est la surface du trapèze MNOP, dont le côté NO aurait 32 mèt., le côté MP 38^{m} 42, et la hauteur NK 9^{m} 45 ? *(Fig. 24.)*

```
   38,42
   32,00
--------
   70,42
    9,45
--------
   35210
  281680
 6337800
--------
665,4690 produit.
332,7345 demi-produit.
```

129. *Pour chercher la surface d'un trapèze régulier inaccessible intérieurement, on prolonge le plus petit côté jusqu'à ce que l'on puisse élever une perpendiculaire à l'angle aigu du plus grand côté. Ensuite on mesure cette perpendiculaire, et les deux côtés du trapèze proposé; puis on opère comme au numéro* 128.

130. Un trapèze régulier inaccessible en dedans étant donné, trouver sa superficie. *(Fig.* 25.*)*

Opération.

```
  152,24 base.
   91,00 base.
--------
  243,24 total.
   60    hauteur.
--------
14594,40 produit.
 7297,20 demi-produit.
```

Réponse. 7297 mèt. carrés 20 décimètres carrés, ou 7297 centiares, ou 72 ares 97 centiares.

§ XII.

POLYGONES QUELCONQUES.

131. Un polygone est une figure composée de plusieurs lignes qui se rencontrent.

132. Pour avoir la surface d'un polygone quelconque accessible en dedans, *on tire une ligne diagonale des deux angles les plus éloignés l'un de l'autre, on réduit le polygone en triangles, trapèzes, &c. On cherche la superficie de chacun à part, puis on fait l'addition des superficies partielles,* et la somme trouvée est la superficie demandée. (*Fig.* 26.)

Comme on le voit, j'ai divisé, d'après les moyens indiqués au numéro 132, ce polygone en trois triangles et en un trapèze. En cherchant la surface des trois triangles et celle du trapèze, et les additionnant toutes ensemble, on aura la surface totale du polygone ABCDE. Il est inutile de faire les opérations.

133. On peut encore, pour avoir la surface d'un polygone quelconque, *le diviser en autant de triangles qu'il y a de côtés moins deux.* (Fig. 27.)

POLYGONES INACCESSIBLES EN-DEDANS.

134. Pour avoir la surface d'un polygone inaccessible intérieurement, tel qu'un bois, un marais, etc., *on enveloppe le polygone dans un rectangle ou dans un carré en élevant des perpendiculaires sur le sommet de chaque angle,* ce qui se fera au moyen de l'équerre. *On fait ensuite la surface du rectangle, de laquelle*

on ôte celles de tous les triangles, le reste est la superficie demandée. (*Fig.* 28.)

135. Pour connaître la superficie de cette figure ABCD, je fais un rectangle qui l'enveloppe tout au plus juste en passant par ses quatre angles. J'en fais la superficie d'après les principes du nº 121 et celle des triangles, d'après les principes du nº 113, lesquels triangles j'ai empruntés pour aider l'opération. J'ôte la somme de ces superficies de celle du rectangle, et le reste me donne la superficie demandée.

§ XIII.

SURFACES CURVILIGNES.

DE LA CIRCONFÉRENCE ET DE LA SUPERFICIE DU CERCLE.

136. *Pour mesurer la surface d'une figure curviligne*, on décompose les lignes courbes en parties assez petites pour qu'elles puissent être considérées comme des lignes droites; par ce moyen, la figure curviligne se trouve changée en un polygone, dont on mesure la surface en la décomposant en triangles.

137. *Pour mesurer la surface d'un cercle*, on multiplie le rayon par lui-même et le produit par 3,1416. Ce dernier produit représente la surface demandée.

Exemple. *Le rayon d'un cercle est de* $6^{m}45$; *quelle en est la surface?* (Fig. 29.)

Opération.

```
          6,45 rayon,
          6,45
     ----------
          3225
         25800
        387000
     ----------
        41,6025
         3,1416
     ----------
        2496150
        4160250
      166410000
      416025000
    12480750000
    -----------
   130,69841400
```

Réponse. La surface est de 130 mètres carrés 69 décimètres carrés 84 centimètres carrés 14 millimètres carrés, ou 1 are 30 centiares.

138. La circonférence est une ligne courbe dont tous le points sont à égale distance d'un autre point appelé *centre.*

139. Le diamètre est une ligne droite qui partage la circonférence en deux parties égales.

140. Le rayon est une ligne droite qui, partant du centre, aboutit à un des points de la circonférence. *(Fig.* 30.*)*

141. *Calculer la surface d'un cercle dont on connaît la circonférence et le rayon.* Lorsque l'on connaît la longueur de la circonférence d'un cercle et celle de son rayon, on en calcule la surface en multipliant la circonférence par la moitié du rayon.

Exemple. *Quelle est la surface d'un cercle dont la circonférence est de* 18^{m}45 *et le rayon de* 2^{m}97? *(Fig. 31.)*

Opération.

```
  18,45   circonférence.
  1,485   demi-rayon.
 -------
    9225
  147600
  738000
 1845000
 -------
27,39825
```

Rép. La surface demandée est de 27 mètres carrés 39 décimètres carrés 82 centimètres carrés, ou 27 centiares.

142. *Calculer la surface d'un cercle dont on ne connaît que la circonférence seulement.* Lorsque l'on ne connaît que la circonférence d'un cercle, il faut, pour en obtenir la surface, calculer d'abord son rayon ou son diamètre; pour cela, on divise la circonférence par 3,1416, et le quotient donne le diamètre : en prenant le quart de ce quotient, on a la moitiédu rayon. Alors on opère comme il a été dit au nº 141.

Exemple. *La circonférence d'un cercle est de* 34^m 65, *quelle en est la surface? (Fig. 32.)*

Opérations.

```
34,6500  | 3,1416
  32340  |--------
   92400 | 11,02  diamètre.
   29668.   2,755  1/4 diamètre ou 1/2 rayon.
```

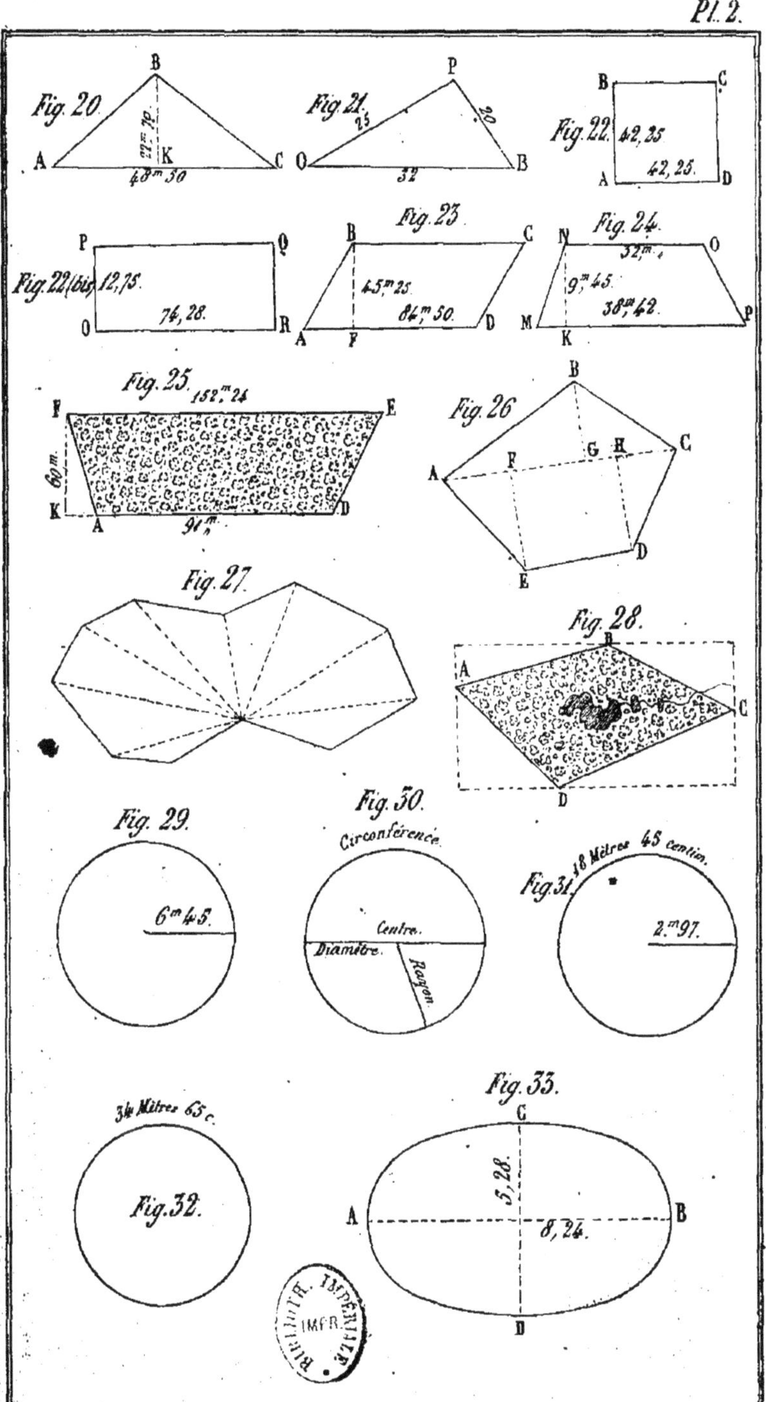
Fig. 20.
B
A
K
C
22m. 70
48m 50
Fig. 21.
P
O
B
25
20
32
Fig. 22.
B
C
A
D
42, 25
42, 25.
Fig. 22 (bis)
P
Q
O
R
12, 75.
74, 28.
Fig. 23.
B
C
A
F
D
45m 25
84m 50.
Fig. 24.
N
O
M
K
P
32m
9m 45.
38m 42.
Fig. 25.
152m 24
F
E
K
A
D
60m.
91m.
Fig. 26
B
A
F
G
H
C
E
D
Fig. 27.
Fig. 28.
A
B
C
D
Fig. 29.
6m 45.
Fig. 30.
Circonférence.
Centre.
Diamètre.
Rayon.
Fig. 31.
18 Mètres 45 centim.
2.m 97.
34 Mètres 65 c.
Fig. 32.
Fig. 33.
C
A
B
D
5, 28.
8, 24.

```
   34,65  circonférence.
    2,755 demi-rayon.
   ------
   17325
  173250
 2425500
 6930000
 --------
 95,46075
```

Réponse. 95 mètres carrés 46 décimètres carrés 7 centimètres carrés 50 millimètres carrés.

ELLIPSE.

143. L'ellipse est une ligne courbe décrite de plusieurs centres. La ligne AB se nomme grand axe ou grand diamètre; la ligne CD se nomme petit axe ou petit diamètre. *(Fig. 33.)*

144. *Trouver la circonférence d'une ellipse.* Pour trouver la circonférence d'une ellipse, il faut ajouter les deux diamètres, prendre la moitié de leur somme et multiplier cette moitié par 3,1416. Le produit d cette multiplication donnera la circonférence demandée.

Exemple. *Trouver la circonférence d'une ellipse dont le grand diamètre aurait* 8m24 *et le petit* 5m28.

Opérations.

```
 8,24 grand diamètre.          3,1416
 5,28 petit  diamètre.           6,76
-----                         --------
13,52                          188496
 6,76 moitié.                 2199120
                             18849600
                            ---------
                            21,237216
```

Réponse. 21 mètres 237 millimètres.

145. *Trouver la superficie d'une ellipse.* Pour trouver la superficie d'une ellipse, il faut multiplier le grand diamètre par le petit, et le produit par 0,7854. Ce dernier produit donnera la superficie demandée.

Trouver la superficie de l'ellipse ci-dessus.

Opération.

```
      8,24 grand diamètre.
      5,28 petit diamètre.
      ----
      6592
     16480
    412000
   -------
   43,5072
    0,7854
   -------
   1740288
  21753600
 348057600
3045504000
----------
34,17055488
```

RÉPONSE. 34 mètres carrés 17 décimètres carrés 5 centimètres carrés, etc., ou 34 centiares.

§ XIV.

MESURE DES VOLUMES RECTILIGNES.

146. Pour évaluer les volumes des corps, on ne se sert pas de mesures réelles; on n'emploie véritablement ni mètre cube ni décimètre cube, mais on mesure, avec le *mètre linéaire,* la longueur, la largeur et l'épaisseur des corps que l'on veut évaluer, et, lorsque l'on sait combien la longueur, la largeur et l'épaisseur contien-

nent d'unités linéaires, on calcule combien le volume contient d'unités de volume, d'après les règles données ci-après :

147. On appelle volume tout ce qui a trois dimensions, *longueur, largeur, épaisseur*.

148. On appelle *cube* un corps qui a six faces carrées et égales. Tel est un dé à jouer. *(Fig. 34.)*

149. *Pour trouver le volume d'un cube, il faut multiplier les trois dimensions l'une par l'autre*, c'est-à-dire la longueur par la largeur, et le produit par l'épaisseur. *(Fig. 34.)*

Un cube dont les trois dimensions auraient chacune 6 mèt. 42 cent. étant donné, trouver son volume.

Opérations.

```
     6,42
     6,42
   ------
     1284
    25680
   385200
  -------
  41,2164 surface de la base.
   6,42
  -------
   824328
  16486560
 247298400
 ---------
 264,609288
```

Réponse. 264 mètres cubes 609 décimètres cubes 288 centimètres cubes.

VOLUME DU PARALLÉLIPIPÈDE.

150. Le parallélipipède est un corps dont les six côtés sont des rectangles. Un coffre, une brique, une caisse représentent un parallélipipède.

151. *Pour obtenir le volume d'un parallélipipède, il faut multiplier les trois dimensions l'une par l'autre.*

EXEMPLE. *Un parallélipipède étant donné, et sa longueur étant 6 mètres, sa largeur 0,38 centimètres, son épaisseur 0,25 centimètres, trouver son volume.* (Figure 35.)

Opérations.

```
  0,38  largeur.
  0,25  épaisseur.
 ------
   190
   760
 ------
0,0950  surface de la base.
     6  longueur.
 ------
0,5700
```

RÉPONSE. 0 mètres cubes 570 décimètres cubes.

152. Puisque la largeur est de 38 centimètres, et l'épaisseur de 25 centimètres, la base du parallélipipède présente une surface de 25 fois 38 centimètres carrés, ou 9 décimètres carrés 50 centimètres carrés. Dans ce produit, n'ayant que trois chiffres décimaux, et devant en séparer quatre, j'ai ajouté un zéro à la gauche, pour me conformer aux principes énoncés au nº 10.

153. Dans la pratique, quand on doit mesurer des matériaux, tels que moellons, cailloux, pierres dures, écailles de grès, bois, etc., on les dispose en parallèlipipèdes rectangles, qui s'évaluent comme il vient d'être dit au nº 151.

VOLUME DU PRISME.

154. On appelle *prisme* un corps dans lequel deux

faces opposées sont des polygones égaux et parallèles, et dont toutes les autres faces sont des rectangles ou des parallélogrammes. Les deux faces égales et parallèles, sont les deux bases du prisme. Les droites suivant lesquelles les faces se coupent sont les côtés ou les arêtes du prisme. (*Fig.* 36.)

155. On appelle *prisme droit* celui dont les faces latérales sont des rectangles. Dans le prisme droit, les arêtes ou les côtés du prisme sont perpendiculaires à la base. (*Fig.* 36.)

156. On appelle *prisme oblique* celui dont les côtés ne sont pas perpendiculaires aux bases. Dans le prisme oblique, toutes les faces latérales sont des parallélogrammes, ou bien les unes sont des rectangles et les autres des parallélogrammes. La hauteur du prisme est la perpendiculaire menée entre les deux bases. (*Figure* 37.)

157. *Pour obtenir le volume d'un prisme, il faut multiplier la surface de la base par la hauteur.*

Volume du prisme droit. (Fig. 36.)

Opérations.

Surf. du triangle ABC :

$$= \frac{0,76 \times 0,15}{2} = 0 \text{ mèt. car. } 05 \text{ d. c. } 70 \text{ c. c.}$$

Surf. du triangle ACD :

$$= \frac{0,78 \times 0,22}{2} = 0 \text{ mèt. car. } 08 \text{ d. c. } 58 \text{ c. c.}$$

Surf. du triangle AED :

$$= \frac{0,78 \times 0,20}{2} = 0 \text{ mèt. car. } 07 \text{ d. c. } 80 \text{ c. c.}$$

Surf. du triangle AFE :

$$= \frac{0,68 \times 0,12}{2} = 0 \text{ mèt. car. } 04 \text{ d. c. } 08 \text{ c. c.}$$

Surf. de la base ABCDEF = 0 m. c. 26 d. c. 16 c. c.

0,2616	surf. de la base.
8	hauteur.
2,0928	

Réponse. 2 mètres cubes 92 décimètres cubes 800 centimètres cubes.

Volume du prisme oblique. (Fig. 37.)

Opérations.

Surf. du triangle GHI :

$$= \frac{0,80 \times 0,18}{2} = 0 \text{ mèt. car. } 14 \text{ d. c. } 40 \text{ c. c.}$$

Surf. du triangle GJI :

$$= \frac{0,80 \times 0,21}{2} = 0 \text{ mèt. car. } 16 \text{ d. c. } 80 \text{ c. c.}$$

Surf. du triangle GKJ :

$$= \frac{0,70 \times 0,12}{2} = 0 \text{ mèt. car. } 08 \text{ d. c. } 40 \text{ c. c.}$$

Surf. de la base GHIJK = 0 m. c. 59 d. c. 60 c. c.

0,5960	surf. de la base.
7	hauteur.
2,7720	

Réponse. 2 mètres cubes 772 décimètres cubes.

Dans ces deux opérations, pour obtenir la surface de la base, je la divise en autant de triangles qu'il y a de côtés moins deux, comme il a été dit au n° 133, puis je multiplie cette surface par la hauteur.

PYRAMIDE.

158. On appelle *pyramide* un corps terminé par plusieurs faces triangulaires qui partent toutes d'un même point, appelé *sommet*, et qui se terminent toutes à un même polygone, que l'on appelle base de la pyramide. (*Fig.* 38). S est le sommet de la pyramide, et le polygone ABCDE en est la base. Si la pyramide a un triangle pour base, on l'appelle triangulaire (*Fig.* 39); si elle a un quadrilatère, on l'appelle quadrangulaire; si elle a un pentagone, on l'appelle pentagonale; si c'est unhexagone, on l'appelle hexagonale, etc.

159. La *hauteur* de la pyramide est la perpendiculaire abaissée du sommet sur la base.

160. On appelle *pyramide tronquée* le corps que l'on obtient lorsque l'on coupe une pyramide parallèlement à sa base et que l'on enlève la partie du sommet. (*Fig.* 40.)

Volume de la pyramide.

161. *Pour mesurer le volume d'une pyramide, on*

multiplie la surface de la base par le tiers de la hauteur.

Exemple. Quel est le volume d'une pyramide qui aurait pour base un carré dont le côté serait de 16^m20 et la hauteur de 32^m24? *(Fig. 41.)*

Opération.

```
      16,20
      16,20
   --------
      32400
     972000
    1620000
   --------
   262,4400  surface de la base.
      10,74  tiers de la hauteur.
   --------
   10497600
  183708000
 2624400000
 ----------
2818,605600
```

Réponse. 2818 mètres cubes 605 décimètres cubes 600 centimètres cubes.

Volume de la pyramide tronquée.

162. *Pour mesurer le volume d'une pyramide tronquée,* on calcule 1° la surface de la base inférieure; 2° la surface de la base supérieure; 3° la racine carrée du produit de ces deux surfaces; on obtient ainsi trois nombres dont on fait la somme, et on multiplie cette somme par le tiers de la hauteur du tronc de la pyramide. *(Fig. 42.)*

Opérations.

```
 3,25                              6,50
 0,75                              2,40
 ----                              ----
 1625                             26000
22750                            130000
------                           -------
2,4375                           15,6000
1,2187 surf. de la base          7,8000 surf. de la base
       supérieure.                      inférieure.

          1,2187
          7,8000
       ---------
        97496000
       853090000
      ----------
      9,50586000 produit des deux surfaces.
```

Extraction de la racine carrée.

```
9,50586000 | 3,0831
05,05,8    |-------
  1946,0   | 608
   9710,0  |   8
   35439   |-------
             6163
                3
            ------
             61661
                 1
```

Racine carrée, 3 mètres 831 dix-millièmes.

Somme.

```
 1,2187  surface de la base supérieure.
 7,8000  surface de la base inférieure.
 3,0831  racine carrée.
-------
12,1018  somme des trois nombres.
 4       tiers de la hauteur.
-------
48,4072
```

Réponse. 48 mètres cubes 407 décimètres cubes 200 centimètres cubes.

§. XV.

MESURE DES VOLUMES CURVILIGNES

CYLINDRE.

163. On appelle *cylindre* un corps qui a la forme d'un rouleau et dont les bases opposées sont des cercles égaux. (*Fig.* 43.)

164. *Pour mesurer le volume d'un cylindre, il faut multiplier la surface de la base par la hauteur.*

Exemple. Quel est le volume d'un cylindre qui a 2 mèt. 40 de diamètre et 21 mètres 50 de profondeur? (*Fig.* 43.)

Opération.

1,20 demi-diam. ou rayon.
1,20
―――――
2400
12000
―――――
1,4400
3,1416
―――――
86400
144000
5760000
14400000
432000000
―――――
4,52390400 surf. de la base 4 m. car. 52 d. c. 39 c. car., &.
Hauteur du cylindre 21,50
―――――
2261950
4523900
90478000
―――――
97,263850

Réponse. 97 mètres cubes 265 décimètres cubes 850 cent. cubes.

J'ai négligé les quatre derniers chiffres de la surface de la base sans altérer sensiblement le produit.

VOLUME DU CÔNE.

165. On appelle *cône* un corps qui a la forme d'un pain de sucre. On peut le considérer comme engendré par le mouvement d'un triangle rectangle qui tourne sur l'un de ses côtés. (*Fig.* 44.)

166. On appelle *cône tronqué*, ou tronc de cône, le corps que l'on obtient lorsque l'on coupe un cône parallèlement à sa base et que l'on enlève la partie du sommet. (*Fig.* 45.)

167. La hauteur du cône est la perpendiculaire menée du sommet sur la base.

168. La hauteur du tronc de cône est la perpendiculaire menée entre les deux cercles qui servent de bases.

169. *Pour obtenir le volume d'un cône, on calcule la surface du cercle qui lui sert de base, et on multiplie cette surface par le tiers de la hauteur.*

Exemple. Quel est le volume du cône, *Fig.* 44., qui a pour base un cercle dont le rayon est de 0,85 cent., et qui a pour hauteur 2 mèt. 34.

(*Voyez l'opération à la page suivante.*)

Opérations.

```
                0,85
                0,85  rayon.
                ----
                 425
                6800
              ------
              0,7225
              3,1416
              ------
               43350
               72250
             2890000
             7225000
           216750000
          ----------
          2,26980600  surf. de la base 2 m. car.
Tiers de la haut. 0,78              26 d. c. 98 cent. c.
          ----------
           181584
          1588860
          --------
          1,770444
```

Réponse. Le volume demandé est de 1 mètre cube 770 décimètres cubes 444 centimètres cubes.

170. *Pour obtenir le volume d'un cône tronqué, on calcule: 1° la surface du cercle qui sert de base inférieure; 2° la surface du cercle qui sert de base supérieure; 3° la racine carrée du produit de ces deux surfaces; on fait la somme des trois nombres que l'on obtient, et l'on multiplie cette somme par le tiers de la hauteur du tronc de cône.*

Ex. Quel est le volume du cône tronqué *Fig*. 45?

```
  0,29 rayon de la        0,23 rayon de la
  0,29   base inf.        0,23   base sup.
  ----                    ----
   261                      69
   580                     460
------                  ------
0,0841                  0,0529
```

0,0841	0,0529
3,1416	3,1416
5046	3174
8410	5290
336400	211600
841000	529000
25230000	15870000
0,26420856	0,16619064
Surf. de la base inf. 26 déc. car. 42 c. car.	Surf. de la base sup. 16 déc. car. 61 cent. carrés.

0,2642 surf. de la base inf.
0,1661 surf. de la base sup.

2642
158520
1585200
2642000

0,04388362	0,2094 Racine.
03883	409
20262	9
3526	4184
	4

0,2642 surface de la base inférieure.
0,1661 surface de la base supérieure.
0,2094 racine carrée du produit des 2 surfaces.

0,6397
0,10 tiers de la hauteur.

0,063970

Réponse. 0 mètres cubes 63 décimètres cubes 970 centimètres cubes.

Autre moyen de trouver le volume d'un cône tronqué.

171. Pour trouver le volume d'un cône tronqué, il faut prendre le rayon de chacune des bases, les ajouter ensemble, multiplier leur somme totale par elle-même; retrancher de ce dernier produit celui des deux rayons multipliés l'un par l'autre; multiplier le reste par le tiers de la hauteur, et ce dernier produit par la fraction $\frac{355}{113}$, et le résultat sera le volume cherché.

EXEMPLE.

```
0,29 rayon de la base inférieure.
0,23 rayon de la base supérieure.
----
  87
 580
------
0,0667 produit des deux rayons.

  0,29 rayon de la base inférieure.
  0,23 rayon de la base supérieure.
  ----
  0,52 somme totale.
  0,52
  ----
   104
  2600
------
0,2704 produit de la somme totale par elle-même.
0,0667 produit des deux rayons.
------
0,2037 reste.
0,10   tiers de la hauteur.
--------
0,020370
 355
--------
 101850
1018500
6111000
--------
7,231350
```

```
7,231350 | 113
  451    |---------
  1123   | 0,063994
   1065  |
     480 |
      28 |
```

RÉPONSE. 63 décim. cubes 994 centim. cubes.

REMARQUE. Pour avoir la surface d'un cylindre, il faut multiplier la circonférence par la hauteur. Pour avoir celle d'un cône, il faut multiplier sa circonférence par sa hauteur penchante, et la moitié du produit donne la vraie superficie du cône.

Le calcul du cône tronqué est assez compliqué; nous le recommandons parce qu'il est très-employé dans les arts : les cuves, les baquets, les chaudières se rapportent au cône tronqué. Les tonneaux eux-mêmes, quand on se contente d'une approximation, peuvent être considérés comme deux cônes tronqués unis par leur base inférieure.

SPHÈRE.

172. On appelle *sphère* un corps qui a la forme d'une boule. La sphère est terminée par une surface dont tous les points sont à égale distance d'un point intérieur que l'on nomme centre. (*Fig.* 46.)

Surface de la Sphère.

173. *Pour obtenir la surface d'une sphère, il faut multiplier le diamètre par lui-même, et le produit par* 3,1416.

Exemple. *Quelle est la surface d'une sphère dont le diamètre serait de 14 mètres 10?* (Fig. 46.)

Opérations.

```
      14,10 diamètre.
      14,10
  ---------
      14100
     564000
    1410000
  ---------
   198,8100
     3,1416
  ---------
   11928600
   19881000
  795240000
 1988100000
59643000000
-----------
624,58149600
```

Réponse. 624 mètres carrés 58 décimètres carrés 14 centimètres carrés.

Volume de la Sphère.

174. *Pour trouver le volume d'une sphère, il faut multiplier le diamètre par lui-même, le produit par 3,1416, et enfin ce dernier produit par le sixième du diamètre, ou multiplier la surface de la sphère par le sixième du diamètre.*

Exemple. Quel est le volume de la sphère précédente. (*Fig.* 46.)

Opérations.

14,10
14,10
―――――
14100
564000
1410000
―――――
198,8100
3,1416
―――――
11928600
19881000
795240000
1988100000
59643000000
―――――
624,5814~~9600~~ surface de la sphère.
2,35 sixième du diamètre.
―――――
31229070
187374420
1249162800
―――――
1467,766290

RÉPONSE. 1467 mètres cubes 766 décimètres cubes 290 centimètres cubes.

§ XVI.

VOLUMES DES CORPS IRRÉGULIERS.

175. Si un corps est petit et d'une forme irrégulière, il ne paraît pas d'une mesure bien exacte; cependant on peut en approcher de fort près. Si le corps peut être plongé dans un liquide, on remplira jusqu'aux bords un vase de forme régulière avec de l'eau ou tout

autre liquide, on y plongera le corps, et lorsqu'on l'en aura retiré, le vide laissé présentera le volume demandé.

176. Si le corps est d'une grande dimension, comme une statue, par exemple, on l'enfermera dans une caisse en bois d'une capacité connue, on achèvera de remplir cette caisse avec de l'eau ou du sable par parties d'un volume connu. Le volume du sable introduit étant retranché du volume de la caisse, le reste exprimera le volume cherché.

Exemple. Chercher le volume du corps irrégulier A. (*Fig.* 47.)

Je place ce corps irrégulier A dans un cylindre tel que le cylindre B, que je remplis d'eau comme il vient d'être dit précédemment. Je mesure alors le volume du cylindre d'après les principes énoncés au n° 162. Ce cylindre a pour diamètre 8^m 50, et pour hauteur 6 mètres.

```
      4,25 demi-diamèt. ou rayon.
      4,25
    ------
      2125
      8500
    170000
    ------
   18,0625
    3,1416
   -------
   1083750
   1806250
  72250000
 180625000
5418750000
----------
56,74515000 surface de la base.
          6 hauteur.
-----------
340,47090000
```

Réponse. Ce cylindre a pour volume 340 mètres cubes 470 décim. cubes 900 centim. cubes.

177. Quand l'opération est ainsi faite, je retire de l'eau le corps irrégulier ; alors l'eau remplit le volume du cylindre, moins le volume occupé par le corps *(Fig. 48)*. Je mesure de combien l'eau est descendue, et cette mesure est la hauteur d'un cylindre dont le volume est celui du corps irrégulier. Je suppose maintenant que l'eau soit descendue de 1m 15 : je cherche le volume d'un cylindre dont la base aurait pour diamètre 8m 50 et pour hauteur 1m 15, le volume de ce cylindre est celui du corps irrégulier.

```
      4,25
      4,25
    ------
      2125
      8500
    170000
   -------
   18,0625
    3,1416
 ---------
   1083750
   1806250
  72250000
 180625000
5418750000
----------
56,74515000 surf. de la base.
 1,15
----------
28372575
56745150
567451500
----------
65,2569225
```

Réponse. Le volume du corps est de 65 mèt. cubes 256 décim. cubes 922 centim. cubes.

D'après ces principes, on peut mesurer le corps le plus irrégulier, pourvu que l'on puisse le placer dans un corps régulier.

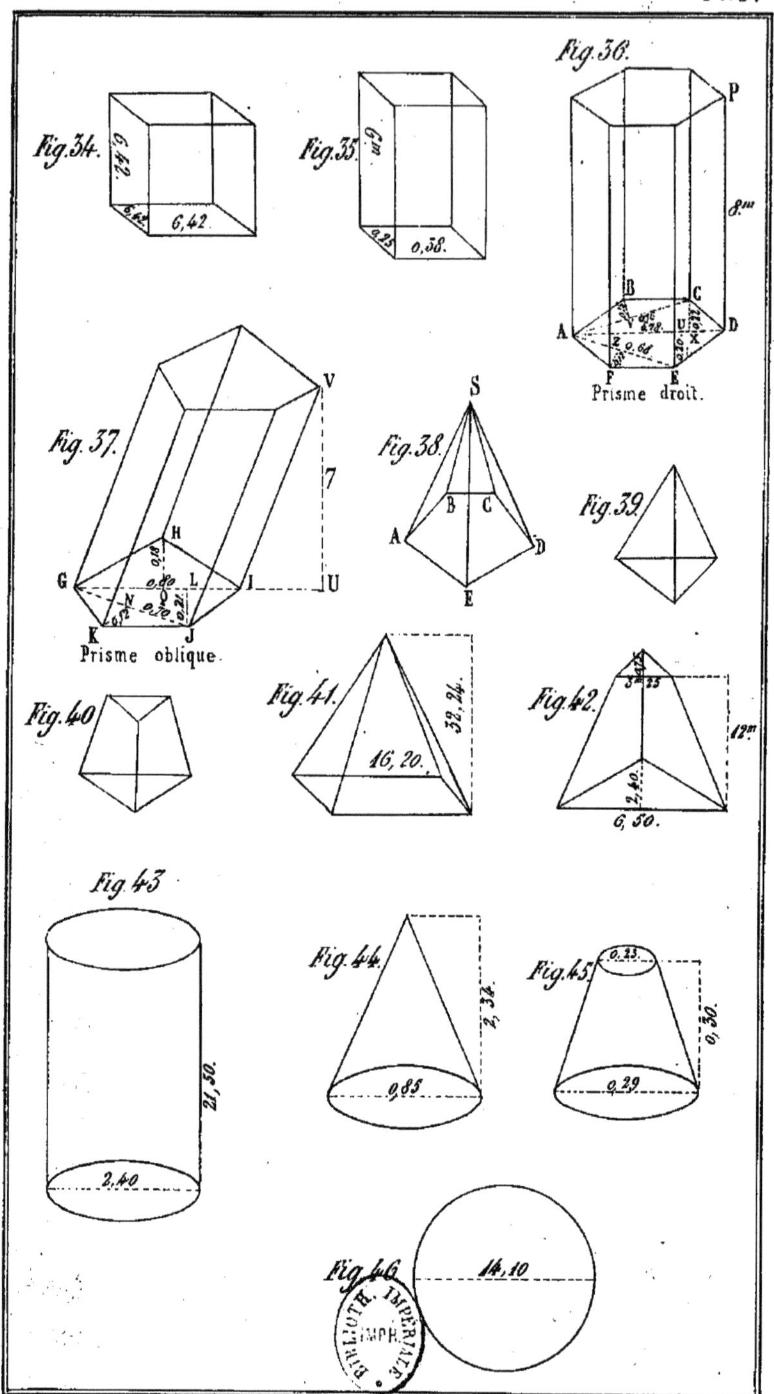
Fig. 34.
6,42.
6,42
6,42.
Fig. 35.
6m
0,25
0,38.
Fig. 36.
P
8m
B
C
A
U
D
X
F
E
Prisme droit.
Fig. 37.
V
7
H
G
L
I
U
N
K
J
Prisme oblique.
Fig. 38.
S
B
C
A
D
E
Fig. 39.
Fig. 40
Fig. 41.
32,24.
16,20.
Fig. 42.
12m
2,40.
6,50.
Fig. 43
21,50.
2,40
Fig. 44.
2,38.
0,85
Fig. 45.
0,23.
0,30.
0,29
Fig. 46.
14,10

CUBAGE DES BOIS.

§ XVII.

APPLICATION DES PRINCIPES ÉNONCÉS DANS LES CHAPITRES PRÉCÉDENTS.

178. Les bois destinés aux constructions se mesurent ou *en grume*, c'est-à-dire recouverts de leur écorce et de leur aubier, ou *équarris*, c'est-à-dire dégrossis de manière à ne présenter que des faces planes et des arêtes vives.

179. Pour mesurer le bois en grume, on considère chaque arbre, quand il est droit, comme un cône tronqué, on trace à ses deux bouts, en-dedans de l'aubier, deux cercles qui sont les bases du tronc de cône. Quant à sa hauteur, elle est égale à la longueur de l'arbre, mesurée non pas sur sa surface, mais perpendiculairement aux deux bases. C'est le moyen d'avoir la mesure la plus exacte.

180. Dans les arsenaux de marine, les pièces de bois sont considérées comme des *parallélipipèdes rectangles,* quand elles sont équarries; ou comme des *cylindres,* quand elles sont rondes. Les pièces de construction n'ont pas exactement, ou du moins presque

jamais, la figure de l'un de ces deux solides, elles ont la figure d'une pyramide tronquée ou d'un cône droit tronqué.

181. *Dans la pratique, pour avoir le cube d'une pièce de bois équarrie, on multiplie la largeur et l'épaisseur du milieu de la pièce l'une par l'autre et le produit par la longueur.*

EXEMPLE. Quel est le volume de la pièce *Fig.* 49, qui a 4m 25 de longueur, sur 0,50 centim. de largeur et 0,30 centim. d'épaisseur?

```
     0,50 largeur.
     0,30 épaisseur.
   ------
   0,1500
   4,25   longueur.
   ------
     7500
    30000
   600000
  -------
 0,637500
```

RÉPONSE. 0 stère 6 décistères 37 centièmes ou 37 millistères.

REMARQUE. On devra se rappeler que le premier chiffre à droite de la virgule représente la place du décistère, unité des bois de charpente.

Voici le procédé à suivre pour obtenir le cube exact d'une pièce de bois équarrie.

182. *Pour avoir le cube exact d'une pièce de bois équarrie, on fait la surface de chaque bout, on les ajoute ensemble, on prend la moitié de la somme et on multiplie cette moitié par la longueur.*

EXEMPLE. *Quel est le volume de la pièce* Fig. 50 ?

```
  0,62                    0,38
  0,52                    0,34
 ------                  ------
   124                     152
  3100                    1140
 ------                  ------
0,3224 surf. du gr. bout. 0,1292 surf. du p. bout.

       0,3224
       0,1292
      --------
       0,4516 somme des deux superficies.
       0,2258 demi-somme.
        11,45 longueur.
      --------
        11290
        90320
       225800
      2258000
      --------
     2,585410
```

RÉPONSE. 2 mètres cubes 585 décimèt. cubes 410 centimètres cubes, ou 2 stères 5 décistères 8 centistères, etc., ou 25 décistères 8 centistères.

REMARQUE. On voit, par ce qui précède, qu'au moyen des nouvelles mesures, rien n'est plus facile que d'obtenir le cube des bois équarris.

CUBAGE DES BOIS EN GRUME.

183. Voyez ce qui est dit au nº 179, sur les bois en grume ; mais, comme cette manière d'opérer serait beaucoup trop longue, je vais donner la plus expéditive, quoiqu'elle ne soit pas d'une exactitude rigou-

reuse : on peut surtout l'employer lorsque les rayons des deux bases diffèrent peu.

184. *On mesure la circonférence de l'arbre à égale distance des deux bouts; on en déduit le cinquième, on prend le quart du reste; on multiplie ce quart par lui-même, et ce produit par la longueur de l'arbre.*

185. En déduisant le *cinquième* de la circonférence moyenne, on suppose que le bois doit être équarri à vives arêtes; s'il ne doit être qu'imparfaitement équarri, on se contente de déduire le *sixième*. On dit que le bois est cubé au *cinquième déduit* ou au *sixième déduit*, suivant le cas.

Si l'on veut avoir le cube de la pièce revêtue de son écorce et de son aubier, on opère comme il est dit au n° 170.

Exemple. *Combien contient de stères et de décistères un arbre en grume dont la circonférence du milieu serait de* 1m 09, *et la longueur* 11 *mètres, au cinquième déduit?* (Fig. 51.)

Opération.

1,090	circonférence moyenne.
0,218	cinquième de la circonf. moyenne.
0,872	reste.
0,218	quart du reste.
0,218	
1744	
2180	
43600	
0,047524	produit du quart par lui-même.
11m	longueur.
47524	
475240	
0,522764	

Réponse. 0 stère 5 décistères 25 millistères.

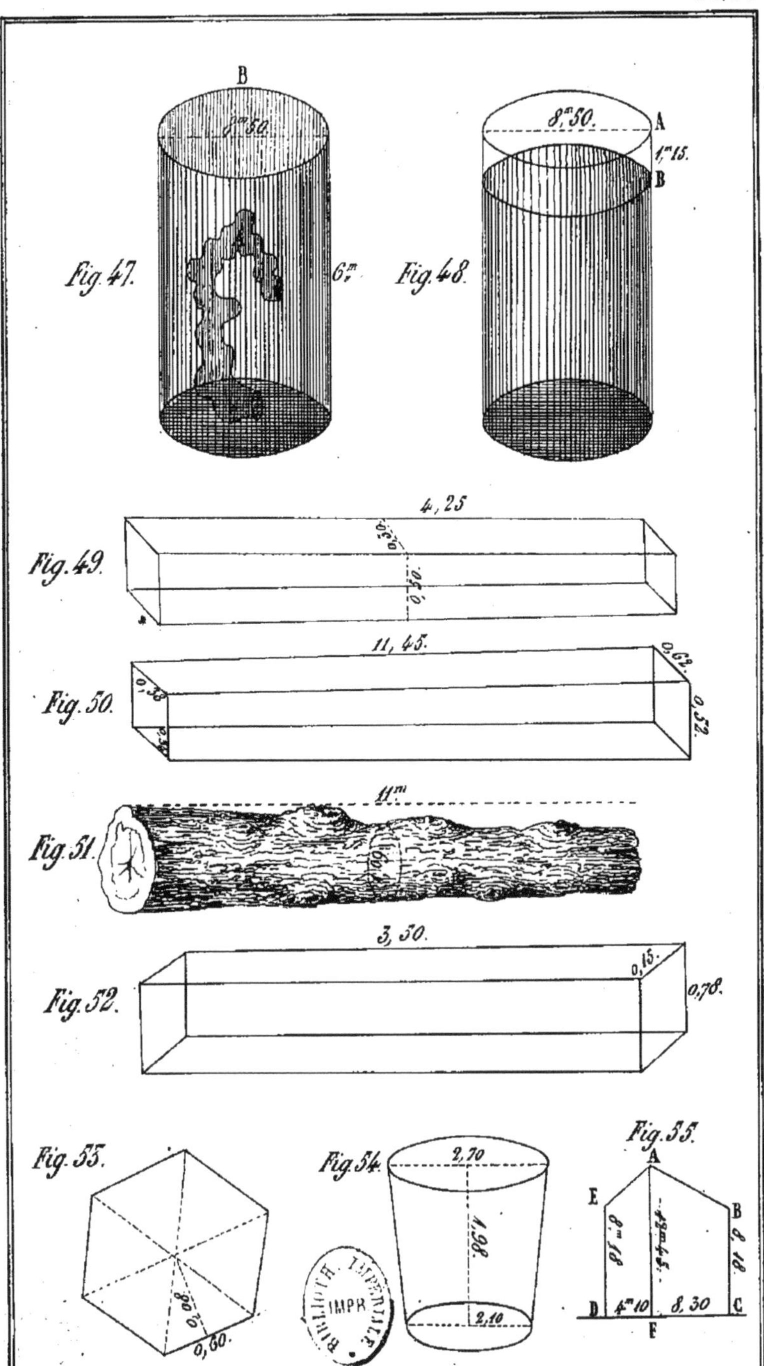
Fig. 47.
B
8m50.
A
6m
Fig. 48.
8m50.
A
1m15.
B
Fig. 49.
4, 25
0,30.
0,30.
Fig. 50.
11, 45.
0,38
0,62.
0,52.
Fig. 51.
11m
Fig. 52.
3, 30.
0,15.
0,78.
Fig. 53.
0,60.
Fig. 54.
2,70
1,98.
2,10
Fig. 55.
A
E
B
8m18
8,18
D
4m10
8,30
C
F

La même opération au sixième déduit.

```
   1,090
   0,181  sixième.
  ------
   0,909  reste.
   0,227  quart du reste.
   0,227
  ------
    1589
    4540
   45400
  --------
0,051529
      11  longueur.
  --------
   51529
  515290
  --------
0,566819
```

Réponse. 0 stère 5 décistères 66 millistères.

186. Si l'on voulait savoir combien ces 5 décistèr. 66 valent de solives anciennes, il suffirait de multiplier ce nombre par 0,97, puisque le décistère ne vaut que 97 centièmes de la solive, et l'on aurait 5 solives 49 cent., ou 5 solives et demie, à un centième de différence.

1er Problème. — *Combien coûterait un arbre en grume qui aurait pour circonférence moyenne 1m 42 et pour longueur 12m 26, s'il était vendu 6 francs le décistère, et au cinquième déduit ?*

Opérations.

```
1,420  circonférence.
0,284  cinquième de la circonf.
-----
1,156  reste.
```

```
   0,284  quart du reste.
   0,284
 -------
    1136
   22720
   56800
 -------
 0,080656  prod. du 1/4 par lui-même.
    12,26  longueur.
 ---------
   483936
  1613120
 16131200
 80656000
 ---------
0,98884256
```

Réponse. L'arbre contiendrait 9 décistères 89 millistères.

Je dis 89 au lieu de 88, parce que le chiffre qui suit est plus fort que 5. Alors, si un décistère coûte 6 fr., 9 décistères coûteront 9 fois plus, il faut donc multiplier 9,89 par 6.

```
 9,89
    6
-----
59,34
```

Réponse. L'arbre coûterait 59 fr. 34 c.

2e **Problème.** *Quel est le volume ainsi que le prix du madrier* fig. 52, *le décistère coûtant* 8 fr. 25 ?

Opération.

```
  0,78
  0,15
------
   390
   780
------
0,1170
```

```
   0,1170
   3,50
  ------
   58500
  351000
  --------
  0,409500
```

1re Réponse. 4 décistères 0 centistères 9 millistères.

```
    0,4,09500
    8,25       prix du décistère.
   ----------
    2047500
    8190000
  327600000
  ----------
  33,7837500
```

2e Réponse. 33 fr. 78 centimes.

MOYEN POUR TROUVER LE PLUS GRAND ÉQUARRISSAGE D'UN ARBRE.

187. Pour trouver le plus grand équarrissage d'un arbre abattu, *on mesure le diamètre du milieu de l'arbre, on multiplie ce diamètre par lui-même, on prend la moitié du produit, et la racine carrée de cette moitié est le côté du plus grand carré que pourra donner l'arbre équarri à vive arête.*

Exemple. *Quel est le côté du plus grand carré que donnera un arbre dont le diamètre du milieu serait de 27 centimètres?*

Opération.

```
  0,27  diamètre.
  0,27
 ------
   189
   540
 ------
 0,0729 produit du diam. par lui-même.
 0,0364 moitié.
```

0.03,64	0,19 Racine car. ou côté du plus grand
26,4	29 carré que l'on peut obtenir.
03	9

Remarque. La solive ancienne vaut 1 décistère 028 millièmes de décistère. Le décistère vaut 0 solive 973 millièmes de solive. Ainsi, pour savoir combien un certain nombre de solives vaut en décistères, il faudrait multiplier le nombre de solives par 1,028, car si une solive vaut 1,028, il est clair que plusieurs solives vaudront plusieurs fois plus. Pour savoir combien un certain nombre de décistères vaut en solives, il faudrait multiplier le nombre de décistères par 0,973.

Exemple. *Quelle est la valeur de* 80 *solives en décistères?*

Si une solive vaut 1,028—80 solives vaudront quatre-vingts fois plus.

```
 1,028
    80
------
82,240
```

Réponse. 82 décistères 240 millièmes de décistère.

2e Exemple. *Quelle est la valeur de* 82 *décistères* 240 *millièmes en solives anciennes?*

Si un décistère vaut 0,973 — 82 décistères vaudront quatre-vingt-deux fois plus.

```
    0,973
   82,240
---------
    38920
   194600
  1946000
 77840000
---------
80,019520
```

Réponse. 80 solives.

Problème. *Combien coûterait un madrier qui aurait* 3m 50 *de longueur,* 0m 15 *d'épaisseur et* 0m 78 *de largeur. Le prix du décistère est de* 8 *fr.* 50 ?

```
    0,78
    0,15
  ------
     390
     780
  ------
  0,1170
    3,50
  ------
   58500
  351000
--------
0,409500
```

Le madrier vaut 4 décistères 09 millistères.

```
   4,09500
   8,25
----------
   2047500
   8190000
 327600000
----------
33,7837500
```

Le madrier, renfermant 4 décistères 09 millistères, coûterait 33 fr. 78.

OUVRAGES DE MAÇONNERIE.

§ XVIII.

188. Dans les ouvrages de maçonnerie, on emploie différents matériaux, dont, très-souvent, on a besoin de connaître le volume. Je vais indiquer la marche à suivre pour faire ces opérations.

1er Exemple. *Un maçon doit faire en briques un mur de 4m 25 de longueur, 1m 45 de hauteur et 50 centim. d'épaisseur. La brique ayant 25 centim. de longueur, 12 centim. de largeur et 5 centim. d'épaisseur, il veut savoir combien il lui faut de briques.*

189. Pour résoudre cette question, il faut chercher combien la brique donne de centimètres cubes, ce qui se fait en multipliant les trois dimensions l'une par l'autre, ensuite chercher combien le mur donne de centimètres cubes, ce qui se fait aussi en multipliant les trois dimensions l'une par l'autre. En divisant le nombre de centimètres cubes contenus dans le mur par le nombre de centimètres cubes formés par la brique, on doit trouver le résultat demandé.

Opérations.

```
      4,25  longueur du mur.
      1,45  hauteur.
     -----
      2125
     17000
     42500
    ------
    6,1625  surface du mur.
    0,50    épaisseur.
  --------
  3,081250
```

VOLUME. 3 mèt. cubes 81 décim. cubes 250 centim. cubes, ou 3081250 centimètres cubes.

```
      0,25  longueur de la brique.
      0,12  largeur.
     -----
        50
       250
    ------
    0,0300
    0,03    épaisseur.
  --------
  0,000900
```

VOLUME. 0 mèt. cube 0 décim. cube 900 centim. cubes, ou tout simplement 900 centim. cubes.

```
3,081250 | 0,000900
  3812   |---------
   2125  |  3423
   3250  |
    550
```

RÉPONSE. 3423 briques.

190. On pourrait encore faire cette opération de la manière suivante : On cherche le volume d'une brique

en centimètres cubes; on divise, par ce volume, le nombre de centimètres cubes contenus dans un mètre cube, et l'on multiplie, par ce quotient, le nombre de mètres cubes renfermés dans le mur.

EXEMPLE. *Solution du problème précédent.*

Le mètre cube vaut 1000000 de centimètres cubes, donc il faut diviser 1000000 par 900, nombre de centimètres cubes renfermés dans une brique.

Opérations.

1000000	900
1000	1111 nomb. de briques qu'il faudrait pour faire un mur d'un mètre cube.
1000	
100	

$$
\begin{array}{r}
3{,}081250 \\
1111 \\
\hline
3081250 \\
30812500 \\
308125000 \\
3081250000 \\
\hline
3423{,}268750
\end{array}
$$

RÉPONSE. 3423 briques.

Si le mur devait être construit en carreaux de terre, on ferait la même opération que pour le mur construit en briques.

2e EXEMPLE. *Un ouvrier veut faire le pavé d'une chambre qui a 4 mèt. 95 de longueur et 4 mèt. 25 de largeur, avec des carreaux dont chaque côté aurait* 0m 16 *centim., et il demande combien il lui faut de carreaux pour faire l'ouvrage.*

191. Pour donner solution à ce problème, il faut multiplier la longueur de la chambre par la largeur, et l'on aura la surface de cette chambre, que l'on divisera par la surface du carreau, laquelle surface s'obtiendra en multipliant le côté du carreau par lui-même.

Opérations.

```
      4,95  longueur de la chambre.
      4,25  largeur de la chambre.
    ------
      2475
      9900
    198000
    ------
   21,0375
```

Surface de la chambre : 21 mèt. carrés 3 déc. carrés 75 cent. carrés, ou 210375 cent. carrés.

```
    0,16  côté du carreau.
    0,16
   -----
      96
     160
  ------
  0,0256
```

Surface du carreau : 2 déc. carrés 56 centim. carrés, ou 256 centimètres carrés.

```
  21,0375 | 0,0256
     0557 |--------
      455 | 821
      199 |
```

Réponse. 821 carreaux.

192. On pourrait encore employer un autre moyen pour résoudre ce problème ; le voici : On divise le

nombre de centimètres carrés contenus dans le mètre carré par le nombre de centimètres carrés contenus dans le carreau. Le mètre carré, comme on l'a vu au no 33, vaut 10000 centimètres carrés. En divisant ce nombre par 256, nombre de centimètres carrés contenus dans le carreau, et multipliant la surface de la chambre par ce quotient, on trouve le résultat demandé.

10000	256
2320	39 nomb. de carreaux contenus dans un mètre carré.
16	

```
21,0375  surf. de la chambre.
     39
---------
1893375
631125
---------
820,4625
```

Réponse. 820 carreaux.

193. Pour employer le carreau à six pans, on opère comme il est dit dans les deux nos 191-192, c'est-à-dire que l'on divise la surface de la chambre par la surface du carreau.

Pour trouver la surface du carreau à six pans, il faut multiplier son circuit, c'est-à-dire son tour par la moitié de la perpendiculaire qui tombe du centre sur le milieu d'un de ses côtés, et le produit sera la surface demandée.

194. Exemple. Quelle est la surface de l'hexagone régulier représentant un carreau qui aurait pour circuit 0m 60, et pour perpendiculaire 0,08 centimètres? (*Fig.* 53.)

0,60 circuit.
0,04
0,0240

Réponse. 0 m. carré 2 déc. carrés 40 cent. carrés.

Application. *Quel serait le nombre de carreaux à six pans dont le circuit serait de* 0m 60, *et la perpendiculaire* 0m 08, *nécessaires pour faire le pavé d'une chambre rectangulaire, dont la longueur serait de* 6m 42 *et la largeur* 4m 60?

Opérations.

6,42
4,60
38520
256800
29,5320

Surf. de la chambre : 29 mèt. carrés 53 déc. carrés 20 cent. carrés, ou 29 mèt. carrés 5320 cent. carrés, ou tout simplement 295320 cent. carrés.

0,60 circuit du carreau,
0,04 demi-perpendiculaire.
0,0240

Surface du carreau : 2 déc. carrés 40 cent. carrés ou 240 centim. carrés.

295,320 | 240
555 | 1230
732
120

Réponse. 1230 carreaux.

195. Si les carreaux coûtaient 32 fr. le mille, on demande quelle serait la somme que l'on devrait verser pour la solde de 1230 carreaux? Voici la marche à suivre en raisonnant ainsi : Si 1000 carreaux coûtent 32 fr., 1 carreau coûtera mille fois moins ou 32 divisé par 1000; 1230 carreaux coûteront 1230 fois plus qu'un carreau, ou $\frac{32 \times 1230}{1000}$, c'est-à-dire qu'il faut multiplier le nombre de carreaux par le prix du mille, et diviser ce produit par mille ; ce qui se fait en séparant trois chiffres à la droite du produit.

$$\begin{array}{r} 1230 \\ 32 \\ \hline 2460 \\ 36900 \\ \hline 39{,}360 \end{array}$$

Réponse. 1230 carreaux coûteraient 39 fr. 36 c.

Un maçon est chargé de faire le mur d'un puits dont la profondeur est de 15m 25. Le diamètre de ce puits doit être de 1m 10, et l'épaisseur du mur de 0m 45. Il demande combien il entrera, dans cet ouvrage, de mètres cubes de pierres, afin de savoir ce qui lui est dû en prenant 1 fr. 50 par mètre cube?

196. Pour résoudre ce problème, il faut chercher le volume de deux cylindres d'après les principes énoncés au nº 164, puis retrancher le volume du petit du volume du grand, et le reste donne le résultat demandé. Le diamètre du grand cylindre est de 1m 10, plus deux fois 0m45, ou 2 mèt, et le diamètre du petit 1,10, et la profondeur est la même pour tous les deux, c'est-à-dire 15,25.

Opérations.

Grand cylindre.

1 demi-diam. ou rayon.

1 demi-diam. ou rayon.

———

1

3,1416

———

3,1416 surf. du cercle, 3^m c. 14 d. c. 16.

profond. du puits. 15,25

———

157080

628320

15708000

31416000

———

47,909400

Réponse. 47 mèt. cub. 909 déc. cubes 400 c. cubes.

Petit cylindre.

0,55 demi-diam. ou rayon.

0,55

———

275

2750

———

0,3025

3,1416

———

18150

30250

1210000

3025000

90750000

———

0,95033400 surf. du petit cercle.

15,25 profond. du puits.

———

475167000

1900668000

47516700000

95033400000

———

14,4925935000

Volume du grand cyl. 47,909400
Volume du petit cyl. 14,492593

33,416807

Il faudrait, pour faire ce mur du puits, 33 mètres cubes 416 décimètres cubes 807 centimètres cubes de pierres. Puisque l'ouvrier demande 1 f. 50 par mètre cube, il suffit de multiplier 33,416807 par 1,50 pour savoir ce qui lui est dû.

```
  33,416807
   1,50
 ----------
 1670840350
 3341680700
 ----------
 50,12521050
```

RÉPONSE. 50 fr. 12 cent.

OUVRAGES DU PLAFONNEUR ET DU COUVREUR.

§ XIX.

COUVERTURES EN TUILES.

197. Pour connaître la quantité de tuiles nécessaire pour couvrir un bâtiment d'une grandeur quelconque, *il faut chercher le nombre de mètres carrés contenus dans la superficie de la toiture du bâtiment et diviser ce nombre de mètres par la superficie de la tuile.*

La toiture des bâtiments représente soit un triangle, soit un rectangle, soit un trapèze, alors il est très facile d'en trouver la surface d'après les principes énoncés aux nos 113, 118, 127.

Un couvreur veut savoir combien il lui faut de tuiles pour couvrir une maison dont la toiture aurait 748 *mèt. carrés, la tuile ayant* 0m 15 *de largeur et* 0m 09 *cent. de pureau* *.

* On appelle pureau d'une ardoise ou d'une tuile, la partie qui reçoit l'eau ou qui est apparente dans une couverture. La hauteur du pureau s'appelle échantillon.

Pour résoudre ce problême, il faut chercher le nombre de tuiles contenues dans un mètre carré, ce qui se fait en divisant 10000, nombre de centimètres carrés contenus dans un mètre carré, par le nombre de centim. carrés contenus dans le pureau de la tuile, puis multiplier la surface de la toiture par le nombre de tuiles.

```
  0,15                      10000 | 0,0135
  0,09                        550 |-------
-------                        10 | 74
0,0135 surf. de la tuile.
```

Réponse. 74 tuiles par mètre carré.

Puisqu'il faut 74 tuiles pour un mètre carré, il en faudra 748 fois plus pour 748 mèt. carrés : donc il faut multiplier 748 par 74.

```
  748 surface de la toiture.
   74
 ----
 2992
52360
-----
55352
```

Réponse. Il faudrait 55352 tuiles.

198. Pour employer la tuile dite *grand moule*, qui doit avoir 23 centimètres de largeur sur 11 centimèt. de pureau, *il faut multiplier les mètres carrés de la toiture par 39, nombre de tuiles nécessaires pour couvrir un mètre carré.*

Exemple. *Combien faudrait-il de tuiles de 23 cent. de largeur et de 11 centim. de pureau pour faire la couverture d'une maison dont la toiture est de 342 mèt. carrés.*

```
     342
      39
   -----
    3078
   10260
   -----
   13338
```

Réponse. 13338 tuiles.

Combien coûteraient ces 13338 tuiles, si le mille coûtait 22 fr. 50 c. ?

Pour donner une solution à cette question, il faut multiplier 13338 par 22,50, et diviser le produit par 1000, ce qui se fera en reculant la virgule de trois rangs vers la gauche.

```
       13338
       22,50
   ---------
      666900
     2667600
    26676000
   ---------
  300,105,00
```

Réponse. 300 fr. 10. Comme on le voit, j'ai retranché au produit deux chiffres décimaux, parce qu'il y en a deux au multiplicateur; puis, pour diviser par 1000, j'ai reculé la virgule de trois rangs vers la gauche.

199. Pour employer la tuile dite *petit moule*, qui doit avoir 135 millimètres de largeur sur 0,081 millim. de pureau, *il faut multiplier les mètres carrés de la toiture par* 91, *nombre de tuiles nécessaires pour couvrir un mètre carré.*

Exemple. *Quel est le nombre de tuiles de* 0,135 *mill. de largeur et* 0,081 *millim. de pureau, nécessaires pour faire une couverture rectangulaire de* 24^{m} *sur* 6^{m} 75 *de largeur.*

6,75	162 mètres carrés.
24	91
2700	162
13500	14580
162,00 surf. de la toiture.	14742 nombre de tuiles nécessaires pour faire la couverture.

200. Pour employer la tuile creuse, *il faut multiplier le nombre de mètres carrés de la toiture par* 50, *nombre de tuiles nécessaires pour couvrir* 1 *mèt. carré.*

Exemple. *Combien faudrait-il de tuiles creuses pour couvrir une toiture qui représenterait un trapèze dont la base supérieure aurait* 15m 10, *la base inférieure* 19m 85, *et la hauteur* 10m 12?

Pour résoudre ce problème, je vais chercher la surface du trapèze d'après les principes énoncés au nº 127, puis je multiplierai le produit par 50 : ce dernier produit donnera la réponse de la question ci-dessus.

```
     19,85 base inférieure.
     15,10 base supérieure.
     -----
     34,95
     10,12 hauteur.
     -----
      6990
     34950
   3495000
   -------
  353,6940
  176,8470 demi-produit ou surf. du trapèze.
  50
  --------
 8842,3500
```

Réponse. 8842 tuiles.

COUVERTURES EN ARDOISES.

201. Pour connaître la quantité d'ardoises nécessaires pour couvrir un bâtiment d'une grandeur quelconque, *on cherche le nombre de mètres carrés contenus dans la toiture du bâtiment, et l'on multiplie ce nombre par le nombre d'ardoises nécessaires pour couvrir un mètre carré.*

Applications.

202. Pour employer l'ardoise dite *grande carrée*, qui doit avoir 0m 203 millim. de largeur sur 0m 109 millim. de pureau, *il faut multiplier les mètres carrés de la toiture par* 82, *nombre d'ardoises nécessaires pour la couverture d'un mètre carré.*

Exemple. *Combien faudrait-il d'ardoises* grande carrée *pour faire une toiture qui aurait* 245 *mètres carrés.*

$$\begin{array}{r} 245 \\ 82 \\ \hline 490 \\ 19600 \\ \hline 20090 \end{array}$$

Réponse. 20090 ardoises.

203. Pour employer la *grande Saint-Louis*, qui doit avoir 0m 190 millim. de largeur sur 0,095 de pureau, *il faut multiplier les mètres carrés de la toiture par* 55, *parce qu'il faut* 55 *ardoises pour couvrir un mètre carré.*

Exemple. *Quel serait le nombre d'ardoises nécessaires pour faire une couverture de 427 mètres carrés?*

```
    427
     55
  -----
   2135
  21350
  -----
  23485
```

Réponse. 23485 ardoises.

204. Pour employer la *petite Saint-Louis*, qui doit avoir 163 millimètres de largeur sur 0,068 millimètres de pureau, *il faut multiplier les mètres carrés de la toiture par* 90, *parce qu'il faut* 90 *ardoises pour couvrir un mètre carré.*

Exemple. *Quel serait le nombre d'ardoises nécessaires pour faire une couverture de forme rectangulaire, dont la base aurait* 15^{m} 70 *et la hauteur* 8^{m} 40?

Je cherche la surface du rectangle en multipliant, comme il est dit au n° 121, la base 15,70 par 8,40, ensuite je multiplie cette surface par 90, et ce dernier produit me donne le nombre d'ardoises demandé.

```
      15,70
       8,40
    -------
      62800
    1256000
  ---------
   131,8800  surf. de la toit. 131 m. car.
   90                         88 déc. carrés.
  ---------
 11869,2000
```

Réponse. 11869 ardoises.

Ces trois nombres, 82, 55 et 90, se trouvent en divisant 100000, nombre de millim. carrés contenus dans un mètre carré, par le nombe de millim. carrés contenus dans la surface d'une ardoise.

Remarque. On peut toiser avec deux mètres de longueur pour la nouvelle toise, calculer par mètres carrés pour le quart de cette nouvelle toise, et par mètres cubes pour le huitième de la nouvelle toise cube.

PROBLÊMES.

Combien faut-il de briques de 0m 25 *cent. de longueur sur* 0m 12 *cent. de largeur pour construire une cloison longue de* 8 *mèt. et haute de* 4 *mèt.?*

Les briques sont ordinairement posées de champ; ainsi leur épaisseur est la même que celle de la cloison: par conséquent cette cloison doit contenir autant de briques que sa superficie contient la superficie de la brique. Il faut donc chercher la surface de la cloison et la diviser par celle de la brique.

```
  8                                  0,25
  4                                  0,12
-----                               ------
 32 mèt. carrés, surf. de              50
    la cloison.                       250
                                    ------
                                   0,0300
```

Réponse. 3 décim. carrés ou 300 centim., surface de la brique.

```
320000 | 300
  2000 |-----
  2000 | 1066
   200 |
```

Réponse. 1066 briques.

Combien devrait-on à un plafonneur qui demanderait 2 fr. par mètre carré pour faire le plafond d'une chambre qui a 12 m. de longueur et 10 m. de largeur?

Pour résoudre ce problême, il faut chercher la surface du plafond; ce qui se fait en multipliant sa longueur par sa largeur, puis multiplier ce produit par 2 francs.

```
   12
   10
  ----
  120 surface du plafond.
    2
  ----
  240 somme que l'on devrait à
         l'ouvrier.
```

Mesurer la couverture d'un colombier circulaire.

205. *Pour mesurer la surface de la toiture d'un colombier circulaire, on mesure la circonférence du bas de la couverture, ensuite la hauteur, puis on multiplie ces deux dimensions l'une par l'autre, et la moitié du produit est la surface demandée.*

Exemple. Quelle est la surface d'une couverture dont la circonférence en bas est de 25^{m} 75, et la hauteur 6^{m} 42?

```
     25,75
      6,42
   --------
      5150
    103000
   1545000
   --------
  165,3150
   82,6575
```

Réponse. 82 mètres carrés 65 déc. carrés 75 cent. carrés.

206. Si la couverture était composée de triangles, comme celle d'une pyramide ou d'un clocher, on mesure le périmètre et on multiplie cette longueur par la hauteur, que l'on obtient en abaissant une perpendiculaire du sommet sur le milieu de l'un des bas côtés. Ainsi l'on trouve la surface d'un clocher.

Exemple. *Un clocher est de figure hexagonale, c'est-à-dire formé de six triangles égaux, dont chacun a pour base* 1m 40 *et pour hauteur* 6 *mètres. On demande quelle en est la surface?*

Il faut multiplier la base d'un triangle par 6, car le périmètre du clocher se forme de six fois la base du triangle, puis on multipliera ce produit par la moitié de la hauteur.

1,40	base d'un triangle.
6	nombre de triangles formant le périmètre.
8,40	périmètre.
3	demi-hauteur.
25,20	

Réponse. 25 mètres carrés 20 déc. carrés.

OPÉRATIONS DIVERSES.

§ XX.

JAUGEAGE DES TONNEAUX.

207. Pour mesurer la contenance des tonneaux, autrement dit pour les jauger, on emploie différents moyens qui, tous, ne conduisent qu'à des résultats plus ou moins approchés de la contenance réelle. La courbure des douves, en effet, ne permet pas de considérer les tonneaux ni comme des cylindres, ni comme un assemblage de deux cônes tronqués.

208. *Pour trouver la capacité d'un tonneau, on mesure le diamètre du bouge et le diamètre du fond, on cherche la différence de ces deux diamètres, on prend le tiers de cette différence et on le retranche du diamètre du bouge, et le reste donne le diamètre moyen que l'on multiplie par lui-même. On multiplie ensuite ce produit par* 0,7854, *et ce dernier produit par la longueur du tonneau.*

Exemple. *Un tonneau a* 0,61 *centim. de diamètre du bouge et* 0,56 *de diamètre du fond ; la longueur est de* 093 *centim. Combien contient-il de litres?*

0,61 diamètre du bouge.
0,56 diamètre du fond.

on en prend 1/3 0,05 différence.
0,016 1/3 de la dif. qui retr. du diam.

du bouge, donne 0,59 diamètre moyen.
0,59

531
2950

0,3481
0,7854 rapport du carré du diam. à la surf. du cercle.

13924
174050
2784800
24367000

0,27339774
0,93 longueur du tonneau.

82019322
2460579660

0,254,2598982

Réponse. Ce tonneau contiendrait 254 décim. cubes ou 254 litres 259 millilitres.

209. Si l'on voulait connaître combien une cuve bouge contient de pièces de vin, on ferait la même opération, et l'on trouverait le nombre de litres contenus dans la cuve. En divisant ce nombre par le nombre de litres contenus dans un tonneau, on aurait, au quotient, le nombre de tonneaux contenus dans la cuve.

2° *Combien une cuve qui aurait* 2m 70 *de diamètre supérieur,* 2m 10 *de diamètre inférieur et* 1m 98 *de hauteur, contiendrait-elle de tonneaux?* (Fig. 54.)

Pour résoudre ce problème, il faut opérer d'après les principes énoncés au n° 171, puisque cette cuve est considérée comme un cône tronqué. On trouvera le nombre de litres contenus dans cette cuve, alors il suffira de diviser ce nombre de litres par 220, parce que le tonneau ordinaire contient 220 litres.

```
 1,35  rayon supérieur.
 1,05  rayon inférieur.
-------
   675
 13500
-------
1,4175
```

```
     1,35   demi-diamètre ou rayon.
     1,05   demi-diamètre ou rayon.
    ------
     2,40   total.
     2,40
    ------
     9600
    48000
    ------
   5,7600   produit du total par lui-même.
   1,4175   produit des deux rayons.
   -------
   4,3425   différence.
   0,66     tiers de la hauteur.
  --------
   260550
  2605500
  --------
 2,866050
      355
----------
 14330250
143302500
859815000
-----------
1017,447750
```

```
1017,447750 | 113
000447      |------
  1087      | 9,003
   705
   270
    44
```

Rép. 9003 mètres.

```
9003 | 220
 203 |-----
     | 40
```

Rép. 40 tonneaux.

3° *Combien faut-il de rouleaux de papier à tenture pour couvrir un pan de mur qui n'a aucune ouverture, dont la longueur est de 3m 55, et dont la hauteur est 2m 80. Le rouleau a 7 mèt. de long sur 0,45 de largeur ?*

Pour résoudre ce problème, il faut chercher la surface du mur et la surface du rouleau, et diviser celle du mur par celle du rouleau.

```
  3,55
  2,80
 ------
 28400
 71000
 ------
 9,9400  surf. du pan de mur.
```

```
  0.45
     7
 ------
  3,15  surface du
        rouleau.
```

```
9,94  | 3,15
 490  |------
1750  | 3,15
 175
```

Réponse. 3 rouleaux 15 centièmes.

BAIGNOIRE.

210. Pour trouver le volume d'une baignoire de forme elliptique, *on additionne le grand axe de l'em-*

bouchure avec le grand axe du fond, le petit axe de l'embouchure avec le petit axe du fond. On prend la moitié de chaque total, et cette moitié des deux grands axes donne le grand diamètre moyen, et la moitié de la somme des deux petits axes donne le petit diamètre moyen. On multiplie ces deux diamètres l'un par l'autre et le produit par 0,7854, ce qui donne la surface moyenne de la baignoire. On multiplie cette surface par la hauteur et ce dernier produit donne la capacité de la baignoire.

EXEMPLE. Le grand axe ou grand diamètre d'une baignoire de forme elliptique est à l'embouchure de 1,98, au fond de 1,75 ; le petit axe ou petit diamètre de l'embouchure est de 1,56, celui du fond de 1,38, la hauteur intérieure est de 0.98, on demande ce que cette baignoire contient de litres?

1,98	gr. axe de l'embre.	1,56	pet. axe de l'embre.
1,75	gr. axe du fond.	1,38	pet. axe du fond.
3,73		2,94	
1,86	demi-total.	1,47	demi-total.

1,86	grand diam. moyen.
1,47	petit diamèt. moyen.
1302	
7440	
18600	
2,7342	produit.
0,7854	
109368	
1367100	
21873600	
191394000	
2,14744068	

```
      2,14744068
      0,98        hauteur.
     ------------
      1717952544
     19326966120
     ------------
     2,1044918664
```

RÉPONSE. 2 mètres cubes 104 déc. cubes, ou 2104 litres.

Une chaudière à peu près cylindrique a 0,83 *centim. de profondeur,* 1m 30 *centim. de largeur, on en demande la capacité.*

Pour résoudre ce problème je cherche la surface du cercle d'après le nº 137, puis je multiplie cette surface par la profondeur.

```
              0,65  demi-largeur ou rayon.
              0,65
             ------
               325
              3900
             ------
            0,4225
            3,1416
           --------
             25350
             42250
           1690000
           4225000
         126750000
         ----------
         132732600  surf. du cle, 1m car. 32 déc. c.
profond.  0,83                        73 cent. car.
         ----------
          39819
        1061840
        ---------
       1,101659
```

RÉPONSE. 1 mètre cube 101 déc. cubes 659 centim. cubes, ou 1101 litres, à très-peu près 11 hectolitres.

Un peintre est chargé de dorer la sphère que l'on doit placer au-dessus de la croix du clocher. Il demande 24 fr. *par mètre carré de dorure. Combien la fabrique lui doit-elle, le diamètre de la sphère étant de* 0m 50?

Pour résoudre ce problème, il faut chercher la surface de la sphère d'après les principes énoncés au nº 171 et multiplier cette surface par le prix du mètre carré de dorure.

```
        0,50
        0,50
      ------
      0,2500
      3,1416
     -------
       15000
       25000
     1000000
     2500000
    75000000
   ---------
  0,78540000  surf. de la sphère.
     24       prix du mèt. car.
  ----------
   31416
  157080
  ----------
  18,8496
```

Réponse. 18 fr. 85 c.

Quelle est la surface du pignon fig. 55?

Pour trouver la surface de ce pignon, il faut du point A abaisser une perpendiculaire sur DC, et l'on a divisé ce pignon en deux trapèzes dont on cherche la surface d'après les principes énoncés au nº 127. Pour cela il faut mesurer la perpendiculaire AF, les côtés ED, BC, DF, CF.

AF est de 12m 45 — ED de 8m 18 — DF de 4m 10.

En additionnant 12^{m} 45 avec 8,18, multipliant le total par 4,10 et prenant la moitié du produit, on aura la surface du trapèze DEAF.

En additionnant 12^{m} 45 avec 8,18, multipliant le total par 8,30 et prenant la moitié du produit, on aura la surface du trapèze ABCF. En additionnant la surface de ces deux trapèzes, on aura la surface du pignon.

```
 12,45
  8,18
-------
 20,63
  4,10
-------
 20630
8 25200
-------
84,5830
42,2915 surf. du trap. DEAF.
```

```
  12,45
   8,18
--------
  20,63
   8,30
--------
  61890
1650400
--------
171,2290 surf. du trap. ABCF.
```

```
171,2290
 42,2915
--------
213,5205
```

Réponse. 213 mètres carrés 52 décimètres carrés 5 centimètres carrés.

Une pile de bois, rangée en forme de parallélipipède, a 22,30 de largeur, 54^{m} 80 de hauteur, 371^{m} de longueur; combien contient-elle de stères?

Il faut multiplier ces trois nombres l'un par l'autre et l'on obtiendra la réponse demandée.

```
      22,30
      54,80
     178400
     892000
   11150000
  1222,0400
        371
   12220400
  855428000
 3666120000
 4533768400
```

Un individu achète un arbre en grume et au cinquième déduit à raison de 4 fr. *le décistère. Combien lui coûterait-il, sachant qu'il a* 1^{m} 45 *de circonférence au milieu et* 5^{m} 78 *de longueur?*

On fait la même opération qu'au n° 185.

```
     1,45
     0,25  cinquième de la circonf.
     1,20  reste.
     0,30
     0,30
   0,0900
    5,78
     7200
    63000
   450000
 0,520200
     4     prix du décistère.
 20,80
```

RÉPONSE. 20 francs 80 centimes.

Un propriétaire possède dans une prairie 6 hectares 20 ares 45 centiares de pré. Ne connaissant que la longueur de sa pièce, qui est de 745 mètres, il désire en connaître la largeur.

Pour résoudre ce problême, il faut diviser la surface par la longueur, et le quotient donnera la largeur demandée.

62045	745
2445	83
210	

RÉPONSE. 83 mètres.

RÈGLE DE TROIS.

211. On appelle *règle de trois*, une opération qui a pour but de découvrir un quatrième nombre qui est inconnu, quand on en connaît trois autres.

212. On distingue deux choses dans les règles de trois, savoir : les *effets* et les *causes*. Pour reconnaître les effets, il suffit de savoir distinguer l'espèce d'unité que l'on cherche ; alors le nombre qui représente la même espèce d'unité que celui que l'on cherche est appelé *effet connu*, et le nombre que l'on cherche *effet inconnu*. Les autres nombres exprimés dans le problème représentent les *causes*.

213. Quand chaque effet n'a qu'une seule cause, la règle de trois est dite *règle de trois simple*.

214. Quand les effets ont plusieurs causes, la règle de trois est dite *règle de trois composée*.

RÈGLE DE TROIS SIMPLE.

Un épicier a payé 50 *fr.* 20 *kilogrammes de sucre, on demande combien lui coûteront* 30 *kilogrammes de sucre de même qualité?*

Raisonnement.

Si 20 kilogrammes de sucre coûtent 50 fr., 1 kil. coûtera vingt fois moins ou 50 divisé par 20 ou $\frac{50}{20}$; 30 kilogram. coûteront 30 fois plus qu'un kilogram. ou 50 multiplié par 30 et divisé par 20; ce qui donne $\frac{50 \times 30}{20}$.

Opération.

$$\begin{array}{r|l} 50 & \\ 30 & \\ \hline 1500 & 20 \\ \cline{2-2} 100 & 75 \\ 00 & \end{array}$$

RÉPONSE. 30 kilog. coûteraient 75 fr.

215. Pour résoudre un problême quelconque, il faut bien distinguer les causes et les effets. Quand on sait bien reconnaître ces deux choses, l'on fait facilement l'analyse d'un problême.

Ainsi, dans le problême ci-dessus, l'effet connu est le nombre 50, parce qu'il représente des francs, et que ce sont des francs que nous cherchons. La cause de cet effet est 20 kilogrammes, puisque ce sont ces 20 kilogrammes qui coûtent 50 francs. L'autre nombre sera la cause de l'effet inconnu.

216. Pour faire l'analyse d'un problême, il faut d'abord placer la cause de l'effet connu, puis l'effet connu sur une même ligne, en faisant un raisonnement un peu français. On réduit ensuite la cause à l'unité, et

cela fait connaître s'il faut multiplier ou diviser l'effet connu par sa cause ; puis on pose sous l'unité la cause de l'effet inconnu, et l'on voit par le raisonnement s'il faut encore multiplier ou diviser.

Je raisonne ainsi pour l'analyse du problème ci-dessus :

Si 20 kilogrammes de sucre coûtent 50 francs (je réduis la cause à l'unité), 1 kilogramme de sucre de même qualité coûtera 20 fois moins que 20 kilogram.; donc je divise 50 par 20 et j'obtiens le prix d'un kilogramme ; mais je demande le prix de 30 kilogram., et non de 1 kilogramme ; alors 30 kilogrammes coûteront 30 fois plus qu'un kilogramme, donc il faut multiplier 50 par 30 et diviser le produit par 20, ce qui donne 75, prix de 30 kilogrammes.

Remarque. Les nombres placés au-dessus de la ligne horizontale donnent un produit qui est le dividende ; les nombres qui sont au-dessous donnent un produit qui est le diviseur.

RÈGLE DE TROIS COMPOSÉE.

217. Comme il a été dit au nº 214, la *règle de trois composée* est celle dans laquelle les effets ont plusieurs causes.

218. Pour donner solution à une *règle de trois composée*, il faut placer sur une même ligne toutes les causes de l'effet connu, puis l'effet connu ; reduire toutes ces causes à l'unité, puis placer les causes de l'effet inconnu, sous les causes de la même espèce de l'effet connu.

Exemple. *Trente ouvriers travaillant* 10 *heures par jour, ont fait en* 40 *jours* 800 *mètres cubes d'un ouvrage, combien faudrait-il de jours à* 20 *ouvriers de même force, travaillant* 10 *heures par jour, pour faire* 600 *mètres cubes du même ouvrage?*

Si, pour faire 800 m., 30 ouv. trav. 10 heures, ont travaillé pendant $\frac{40 \text{ j.} \times 30 \times 10 \times 600}{800 \times 20 \times 10}$

1	1	1
600	20	10

Opérations.

$$\begin{array}{r} 40 \\ 30 \\ \hline 1200 \\ 10 \\ \hline 12000 \\ 600 \\ \hline 7200000 \end{array} \qquad \begin{array}{r} 800 \\ 20 \\ \hline 16000 \\ 10 \\ \hline 160000 \end{array}$$

$$\begin{array}{r|l} 7200000 & 160000 \\ \cline{2-2} 80 & 45 \text{ jours.} \\ 00 & \end{array}$$

Pour analyser ce problème, je raisonne ainsi : 40 jours sont l'*effet connu*, puisque je cherche des jours, et que l'effet connu est toujours de même nature que le nombre que l'on cherche. Les nombres 30 ouvriers, 10 heures, 800 mètres sont les *causes* de cet effet ; les nombres 20 ouvriers, 10 heures, 600 mètres sont les *causes* de l'effet inconnu. Alors je dis :

Si, pour faire 800 mètres cubes, 30 ouvriers, travaillant 10 heures par jour, ont travaillé 40 jours (je réduis les causes à l'unité) pour faire un mètre cube, ils travailleront 800 fois moins de jours, c'est-à-dire 40 divisé par 800 $= \frac{40}{800}$; si un seul ouvrier travaille, il faudra qu'il travaille pendant 30 fois plus de jours pour faire le même ouvrage, il faut donc multiplier 40 par 30, et diviser le produit par 800, ce qui donne $\frac{40 \times 30}{800}$; si les ouvriers ne travaillent qu'une heure, ils travailleront pendant 10 fois plus de jours; il faut donc multiplier ce dernier résultat par 10, l'on a cette autre formule $\frac{40 \times 30 \times 10}{800}$. Maintenant, je vais opérer sur les causes de l'effet inconnu, et, pour cela, je place les causes de même espèce les unes sur les autres, et je dis : pour faire 600 mètres cubes, il faudra que les ouvriers travaillent pendant 600 fois plus de jours que pour faire un mètre cube, il faudra donc multiplier ce dernier résultat $\frac{40 \times 30 \times 10}{800}$ par 600, et l'on aura $\frac{40 \times 30 \times 10 \times 600}{800}$; 20 ouvriers travailleront vingt fois moins de jours qu'un ouvrier; il faut donc diviser par 20, ce qui donne $\frac{40 \times 30 \times 10 \times 600}{800 \times 20}$; s'ils travaillent 10 heures par jour, ils travailleront dix fois moins de jours que s'ils ne travaillaient qu'une heure; il faut donc encore diviser le résultat par 10, ce qui donnera pour résultat général $\frac{40 \times 30 \times 10 \times 600}{800 \times 20 \times 10}$ $\frac{\text{divid.}}{\text{divis.}}$

En multipliant les uns par les autres tous les nombres qui sont au-dessus de la ligne, l'on aura pour produit le dividende; de même, en multipliant les uns par les autres tous les nombres qui sont au-dessous, l'on aura pour produit le diviseur. En effectuant ces opérations, on trouve 45 jours, résultat demandé.

RÈGLE D'INTÉRÊT.

219. La règle *d'intérêt* a pour but de chercher la somme que rapporterait une autre somme prêtée pendant un certain temps.

220. Dans la règle d'intérêt, on distingue quatre parties : 1° le *capital*, 2° l'*intérêt*, 3° le *taux*, 4° le *temps*.

221. Le *capital* est la somme prêtée.

222. L'*intérêt* est la somme que rapporte le capital.

223. Le *taux* est l'intérêt de 100 francs prêtés pendant un an.

224. Le *temps* est la durée pendant laquelle le capital reste entre les mains de l'emprunteur *.

Exemple. *Quel est l'intérêt de 400 fr. prêtés à 6 pour 100 pendant 3 ans?*

Dans ce problème, 400 francs représentent le capital; 6 francs, le taux; 3 ans, le temps, et la somme qu'on cherche, l'intérêt.

225. Pour résoudre un problème sur l'intérêt, on raisonne comme sur les règles de trois, c'est-à-dire que l'on cherche les causes et les effets; quand on les a trouvés, l'analyse se fait comme on va le voir.

Dans le problème ci-dessus, l'effet connu est 6, puisque nous cherchons l'intérêt, et que 6 représente

* Dans tous les problèmes d'intérêts, le temps se réduit en jours. L'année est de 360 jours, le mois de 30 jours. (*Loi du 18 frimaire an III.*)

l'intérêt de 100 francs au bout d'un an. Les causes de cet effet sont 100 francs et 1 an. Les autres nombres sont les causes de l'effet inconnu.

Connaissant bien les causes et les effets, je raisonne ainsi qu'il suit :

Si 100 fr. au bout de 360 j. rapportent 6 francs, 1 fr. rapportera 100 fois moins, ou $\frac{6}{100}$;

1 fr. au bout de 1 jour rapportera 360 fois moins, ou $\frac{6}{100 \times 360}$;

400 francs au bout de 1 jour rapporteront 400 fois plus que 1 franc, donc on a $\frac{6 \times 400}{100 \times 360}$;

400 fr., au bout de 3 ans ou 1080 jours, rapporteront 1080 fois plus que 400 fr. pendant un jour : on aura donc $\frac{6 \times 400 \times 1080}{100 \times 360}$ dividende. / diviseur.

Opérations.

```
   400 capital.
     6 taux.
  ----
  2400              360×100=36000 diviseur.
  1080 temps.
 -------
 192000
2400000
-------
2592000 | 36000
  072   |-------
    0   | 72 francs.
```

RÉPONSE. L'intérêt demandé est 72 fr.

On voit, par ce qui vient d'être dit, que, pour

chercher l'intérêt d'un *capital* prêté pendant un certain temps, *il faut multiplier le capital par le taux, le produit par le temps, et diviser ce dernier produit par* 36000 *.

CAPITAL.

EXEMPLE. *Un capital prêté pendant 1 an 3 mois 10 jours, à 6 pour 100, a rapporté 400 fr. d'intérêt; quel est ce capital?*

226. Dans ce problème, l'effet connu est 100 fr., ses causes sont 6 fr. et 360 jours; 400 fr., 1 an 3 mois 10 jours sont les causes de l'effet inconnu.

1 an 3 mois 10 jours valent 460 jours.

Raisonnement. Pour avoir 6 fr. d'intérêt au bout de 360 jours, il a fallu prêter 100 fr.; pour avoir 1 fr. au bout de 360 jours, il faudra prêter 6 fois moins, c'est-à-dire $\frac{100}{6}$; pour avoir 1 fr. au bout d'un jour, il faudra prêter 360 fois plus, ou $\frac{100 \times 360}{6}$;

Pour avoir 400 fr. au lieu de 1 fr. au bout de 1 jour, il faudra prêter 400 fois plus ou $\frac{100 \times 360 \times 400}{6}$.

Pour avoir 400 fr. au bout de 460 jours, au lieu de les avoir au bout de 1 jour, il faudra prêter 400 fois moins ou $\frac{100 \times 360 \times 400}{6 \times 460}$

* Si le capital était placé pendant un an, on multiplierait le capital par le taux, le produit par le temps; on diviserait ce dernier produit par 100, et l'on aurait l'intérêt demandé.

Opérations.

```
   400                    460
   360                      6
 -----                   ----
 24000                   2760 diviseur.
120000
------
144000  100=14400000 dividende.

      14400000 | 2760
        600    |------------
         480   | 5217 fr. 39
         2040  |
          1080 |
           2520
             36
```

On voit, par ce qui vient d'être dit, que, pour chercher le *capital*, il faut multiplier l'*intérêt* donné par 360, et le produit par 100 : ce produit est le dividende. On multiplie ensuite le *temps* par le *taux*, et l'on a le diviseur.

TAUX.

EXEMPLE. *Un capital de 30000 fr., placé pendant 6 mois 15 jours, a rapporté 1200 fr. d'intérêt, à quel taux était-il prêté?*

227. Dans ce problème, l'effet connu est 1200, puisque nous cherchons le taux et que le taux est l'intérêt de 100 fr.; les causes de cet effet sont 30000 et 6 mois 15 jours; les causes de l'effet inconnu sont 100 et 360.

6 mois 15 jours valent 195 jours.

Raisonnement. Si 30000 fr., au bout de 195 jours, ont rapporté un intérêt de 1200 francs,

1 franc, au bout de 195 jours, rapportera 30000 fois moins ou $\frac{1200}{30000}$

1 franc, au bout de 1 jour, rapportera 195 fois moins ou $\frac{1200}{30000 \times 195}$

100 francs, au bout de 1 jour, rapporteront 100 fois plus ou $\frac{1200 \times 100}{30000 \times 195}$

100 francs, au bout de 360 jours, rapporteront 360 fois plus qu'au bout de 1 jour ou $\frac{1200 \times 100 \times 360}{30000 \times 195}$

Opérations.

```
1200×100=120000              195
           360             30000
       ────────           ───────
        7200000           5850000
       36000000
     ──────────
       43200000 | 5850000
        2250    |────────
         4950   | 7 fr. 38
          270
```

Réponse. 7 fr. 38.

On voit, par ce qui vient d'être dit, que, pour chercher le *taux*, il faut multiplier l'intérêt par 100, le produit par 360 et diviser ce produit par le capital multiplié par le *temps*.

TEMPS.

Exemple. *Un capital* 4000 *fr., placé à* 6 *p.* 100, *a rapporté* 1000 *fr., pendant quel temps est-il resté placé?*

228. Dans ce problème, l'effet connu est 360 jours, et les causes sont 100 et 6. Les causes de l'effet inconnu sont 4000 et 1000.

Raisonnement. Si 100 francs rapportent 6 fr. en 360 jours,

1 franc rapportera 6 fr. en 100 fois plus de jours, ou 360×100;

1 franc rapportera 1 fr. en 6 fois moins de jours, ou $\frac{360 \times 100}{6}$

4000 francs rapporteront 1 fr. en 4000 fois moins de jours, ou $\frac{360 \times 100}{6 \times 4000}$

4000 francs rapporteront 1000 francs en mille fois plus de jours, ou $\frac{360 \times 100 \times 1000}{6 \times 4000}$.

$360 \times 100 = 36000 \times 1000 = 36000000$ | 24000 → 1500 ; reste 420, 0000

$4000 \times 6 = 24000$

Ainsi, pour chercher le temps, il faut multiplier 360 par 100, le produit par l'intérêt, et diviser ce dernier produit par le produit du capital par le taux.

Le capital est donc resté prêté pendant 1500 jours.

RÈGLE D'ESCOMPTE.

229. La règle d'escompte a pour but de chercher la somme que l'on doit retenir sur un billet payé avant l'échéance.

L'escompte n'est rien autre chose que l'intérêt de la somme marquée sur le billet, pour le temps qui reste à courir depuis le jour où le billet a été escompté, jusqu'à son échéance.

Exemple. *Quel est l'escompte que l'on doit prélever sur un billet de 800 francs payable dans 90 jours, l'escompte étant de 6 pour 100?*

Dans ce problême, l'effet connu est 6 francs, puisque nous cherchons l'escompte, et que 6 francs représentent l'escompte de 100 francs. Les causes de cet effet sont 100 francs et 360 jours. Les causes de l'effet inconnu sont 800 francs et 90 jours.

Raisonnement. Si sur 100 fr., au bout de 360 jours, on retient 6 francs d'escompte, sur 1 franc, au bout de 360 jours, on retiendra 100 fois moins, ou $\frac{6}{100}$

Sur 1 franc, au bout de 1 jour, on retiendra 360 fois moins ou $\frac{6}{100 \times 360}$

Sur 800 francs, au bout de 1 jour, on retiendra 800 fois plus ou $\frac{6 \times 800}{100 \times 360}$

Sur 800 francs, au bout de 90 jours, on retiendra 90 fois plus ou $\frac{6 \times 800 \times 90}{100 \times 360}$

Opérations.

```
  800
    6
 ----
 4800      360X100=3600 diviseur.
   90
------
432000 | 36000
  72   |------
  00   | 12
```

Réponse. On doit retenir 12 francs d'escompte.

On voit, par ce qui vient d'être dit, que pour chercher l'escompte que l'on doit prélever sur un capital, cela revient à chercher l'intérêt d'une somme prêtée pendant un certain temps à un taux déterminé.

RÈGLE DE SOCIÉTÉ.

230. La règle de *société* ou de *compagnie* a pour but de répartir entre plusieurs personnes la *perte* ou le *gain* résultant d'une entreprise commerciale faite en commun.

La règle de société présente deux cas : 1° la perte ou le gain dépend seulement de la différence des mises; 2° la perte ou le gain dépend de la difference des mises et du temps pendant lequel ces mises restent en société.

Dans le premier cas, la règle de société est dite *règle de société simple.*

Dans le second cas, elle est dite *règle de société composée.*

Exemple. (1er cas). *Quatre commerçants réunis pour une entreprise, y ont placé : le premier,* 34000 *francs; le deuxième,* 40000 *francs; le troisième,* 22000 *fr.; le quatrieme,* 50000 *francs; à la dissolution de la société ils doivent se partager un gain de* 100000 *fr.; combien revient-il à chacun?*

Pour résoudre un problême de ce genre, on réunit les mises, ce qui donne une mise totale; alors il est facile de reconnaître les causes et les effets.

Dans ce problême, l'effet connu est le gain que la société a fait, c'est-à-dire 100000 fr.; la cause de cet effet est la mise totale, et la cause de l'effet inconnu est la mise de chaque individu. Quand on sait bien cela, on passe au raisonnement, qui devra donner le gain du premier, et l'on dira :

34000 mise du premier.
40000 mise du deuxième.
22000 mise du troisième.
50000 mise du quatrième.

146000 mise totale.

(1er) Si avec une mise de 146000 on a gagné 100000, avec une mise de 1 fr. on gagnera $\frac{100000}{146000}$

avec une mise de 34000 f. on gagn. $\frac{100000 \times 34000}{146000}$

```
     34000
    100000
----------
3400000000 | 146000
  480      |-------
   420     | 23287  ce qui revient au 1er.
   1280    |
    1120
      98
```

Ainsi, l'on voit que pour chercher ce qui revient à chaque associé, il faut multiplier le gain total par sa mise et diviser le produit par la somme des mises. Pour les trois autres opérations nous allons agir ainsi.

```
(2e) 100000
      40000
-----------
 4000000000 | 146000
 1080       |-------
   580      | 27397
   1420     |
    1160    | ce qui re-
      58    | vient au 2e.
```

```
(3e) 100000
      22000
-----------
      20000
     200000
-----------
 2200000000 | 146000
  740       |-------
   1000     | 15058
    1240    |
      72    | ce qui re-
            | vient au
            | 3e.
```

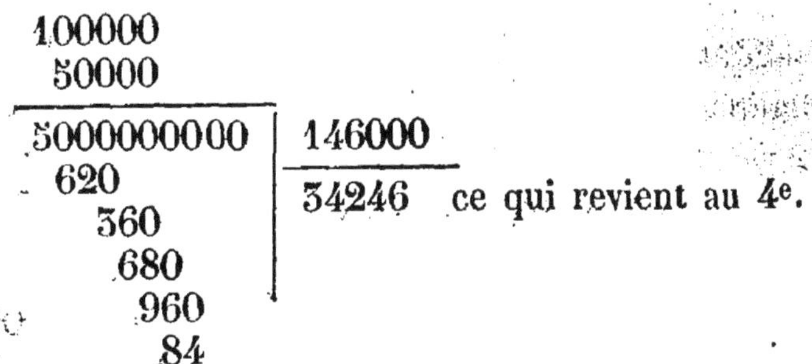

Pour faire la preuve de cette opération, on additionne tous les restes, s'il y en a, et l'on divise cette somme par la somme des mises; le quotient, ajouté à ce qui revient à chaque individu, doit donner pour somme le gain total.

Preuve.

Restes.		Addition.	
98		23287	ce qui revient an 1er.
38		27397	ce qui revient au 2e.
72		15068	ce qui revient au 3e.
84		34246	ce qui revient au 4e.
292	146	2	quotient des restes.
000	2	100000	gain total.

EXEMPLE DU 2e CAS. *Trois particuliers se sont associés pour une entreprise; le premier a mis 8000 francs pendant 4 mois; le deuxième, 16000 francs pendant 2 mois; le troisième, 9000 francs pendant 6 mois, époque de la dissolution de la société. Ils ont fait un gain de 47000 francs. Que revient-il à chaque associé, à proportion de sa mise et du temps qu'elle est restée dans la société?*

Dans ce problême, ce qui revient à chaque associé dépend de sa mise et du temps qu'elle est restée dans a société. On ramène ce problême à une règle de société simple, en rapportant toutes les mises à un même temps. Ainsi l'on dit : 8000 fr., pendant 4 mois, rapporteront autant que 32000 fr. placés pendant 1 mois; 16000 fr., pendant 2 mois, donneront le même résultat que 32000 fr. placés pendant 1 mois ; enfin, 9000 fr., pendant 6 mois, donneront aussi le même résultat que 54000 fr. placés pendant un mois. La question est ainsi ramenée à partager le bénéfice 47000 fr. entre trois individus dont les mises différentes sont employées pendant le même temps.

Je vais opérer comme il a été dit au n° 230.

```
 32000                   (1er.) 47000
 32000                          32000
 54000                       94000000
118000 mise totale      141000000
                        1504000000 | 118000
                         324       | 12745  ce qui re-
                          880                vient au
                           540               premier
                            680
                             90

(2e.) 47000             (3e.) 47000
      32000                   54000
   94000000               188000000
 1410000000              2350000000
 1504000000              2538000000
```

1504000000	118000	2538000000	118000
324	12745 ce qui revient au 2e	178	21508 ce qui revient au 3e
880		600	
540		1000	
680		56	
90			

Preuve.

12745 gain du premier.
12745 *id.* 2e
21508 *id.* 3e
2 quotient des restes.
47000

Restes.

90	
90	
56	
236	118
000	2 quotient des restes.

MODÈLES

DE QUITTANCES,

BILLETS A ORDRE, ETC.

QUITTANCE D'ARGENT PRÊTÉ.

Je, soussigné, reconnais avoir reçu de monsieur Mathieu, la somme de *huit cents francs* que je lui avais prêtée, suivant sa reconnaissance du huit juillet dernier, que j'ai remise entre ses mains.

Paris, ce 4 décembre 1847.

(*Signature.*)

QUITTANCE DE LOYER DE MAISON

Je, soussigné, reconnais avoir reçu de monsieur Mathieu, la somme de *soixante francs*, pour le terme de trois mois, échu le huit octobre, d'une maison qu'il tient de moi, rue Neuve, dont quittance.

Paris, le 12 octobre 1847.

(*Signature.*)

QUITTANCE D'UN OUVRIER

Je, soussigné, reconnais avoir reçu de monsieur N. la somme de *mille francs*, pour tous les ouvrages que j'ai faits en sa maison, sise à B..., rue C..., et avoir fourni (*indiquer ce que l'on a fourni*) le tout suivant les conventions et accords ci-devant transcrits, de laquelle somme je le tiens quitte et déchargé.

Fait à Paris, ce

(*Signature.*)

LETTRE DE VOITURE

Monsieur,

A la garde de Dieu et conduite du sieur P..., voiturier de Troyes, je vous expédie ce jour une caisse contenant du sucre, marquée M. L., le tout pesant 450 kilog., lesquels étant arrivés bien conditionnés à la porte de votre maison, en vingt jours, sous peine d'un tiers de perte pour sa voiture, vous paierez pour tous frais à raison de 6 francs les 50 kilogr., et suis,

Monsieur,

Votre tout dévoué serviteur.

(*Signature.*)

A monsieur Pierre, limonadier à Paris.

LETTRE DE CHANGE A VUE

Troyes, ce 5 décembre 1847. *B. P. F. 400.*

Monsieur,

A vue, il vous plaira payer par cette lettre de change,

à l'ordre de monsieur Mathieu, la somme de *quatre cents francs*, valeur reçue de monsieur N...; et que vous passerez au compte de votre serviteur,

PICARD.

A monsieur Nicolas, négociant à Troyes.

BILLET A ORDRE.

Troyes, le 15 décembre 1847. *B. P. F. 400.*

Au quinze mars prochain, je paierai à monsieur Marq, négociant à Troyes, ou à son ordre, la somme de *quatre cents francs*, valeur reçue comptant.

Troyes,

Bon pour 400 fr. (*Signature.*)

AUTRE (*à domicile*).

Au premier février prochain, je paierai à monsieur Marq, négociant à Troyes, ou à son ordre, au domicile de monsieur Louis, aubergiste à Troyes, rue Neuve, nº 7, la somme de *cinq cents francs*, valeur reçue en espèces.

Troyes, le 1er janvier 1848.

Bon pour 500 fr. (*Signature.*)

MODÈLE D'UNE PROMESSE.

Je, soussigné, reconnais devoir et promets payer, le premier octobre prochain, à monsieur Jacob, cultivateur à Charmes, la somme de *huit cents francs*, qu'il m'a prêtée dans mon besoin et à cinq pour cent.

Perthes, le 15 février 1848.

Bon pour 800 fr. *(Signature.)*

PROMESSE SOLIDAIRE.

Nous, soussignés, promettons payer solidairement, le premier janvier prochain, à monsieur Joseph, propriétaire à Ormes, la somme de *deux cents francs*, qu'il nous a prêtée pour être employée à nos affaires.

Troyes, le 15 janvier 1848.

Bon pour 200 fr. *(Signatures.)*

PROMESSE

PAR LAQUELLE LA FEMME S'OBLIGE AVEC SON MARI.

Nous, soussignés, Pierre Abraham, vigneron à Ormes, et Pierrette Nivelle, mon épouse, que j'autorise à l'effet des présentes, promettons payer solidairement, le vingt avril prochain, à monsieur Isaac, propriétaire au Puy, la somme de *deux cents francs*, qu'il nous a prêtée dans notre besoin.

Ormes, le 1er janvier 1848.

Bon pour 200 fr. *(Signatures.)*

MODÈLES

DES ACTES LES PLUS USUELS

Qu'on peut faire

SOUS SEING PRIVÉ.

ENGAGEMENT D'UN APPRENTI.

Entre nous, soussignés, A..., d'une part, et B..., d'autre part;

A été arrêté ce qui suit, savoir :

Moi, A..., je conviens de prendre en apprentissage, chez moi, B... fils, âgé de quinze ans, pour le temps et espace de deux ans consécutifs, à partir de ce jour, afin de lui apprendre mon état de menuisier, moyennant la somme de *trois cents francs*, que le sieur B... promet payer en trois paiements égaux; savoir : présentement cent francs, dans dix mois cent francs, et dans quinze mois le reste, et à condition que, dans le cas où ledit sieur B... retirerait son fils de chez moi, ou que son fils en sortirait de sa propre volonté avant d'avoir fini le temps de son apprentissage, à moins qu'il ne fût malade, ledit sieur B.,. père, non-seulement perdra les sommes par lui payées pour ledit apprentissage, mais encore sera tenu de me payer, par forme d'indemnité, la somme de cent francs; ce que ledit sieur B... a consenti, et m'a payé ladite somme de cent francs, dont le présent lui tiendra lieu de quittance.

Fait et signé double à Perthes, ce 18 janvier 1848.

(*Signatures.*)

AUTRE

Entre le sieur A..., maître-tailleur à Paris, d'une part;

Et le sieur B.., majeur, demeurant à X.., *(ou mineur)*, à ce autorisé par son père (*si les père et mère existent*), sa mère, (*si le père est décédé*), son tuteur (*s'il est orphelin de père et de mère*), ici intervenant ou dont le consentement a été donné en bonne forme, demeurant à....., d'autre part;

A été convenu et arrêté ce qui suit :

Art. 1er. Le sieur A... consent à prendre en apprentissage le sieur B..., à partir du premier décembre mil huit cent quarante-huit au premier décembre mil huit cent cinquante.

Art. 2. Le sieur A... promet et s'oblige d'enseigner au sieur B... pendant lesdites deux années son métier de tailleur, dans toutes ses parties, et de lui faire connaître et expliquer toutes les méthodes, pratiques, secrets et manières d'œuvre dudit métier.

Il s'oblige, en outre, à le loger, nourrir, chauffer, blanchir et éclairer pendant lesdites deux années.

ART. 3. L'apprenti travaillera, pendant le temps fixé pour l'apprentissage, pour le compte du sieur A..., et ne devra jamais employer son temps et son industrie au profit d'aucune autre personne.

ART. 4. Le prix de l'apprentissage est fixé à la somme de *deux cents francs*, laquelle somme sera payée en trois termes suivants : cinquante francs présentement, cinquante francs dans six mois, et le reste au bout d'un an.

Fait double entre les parties, à B..., le 1er décembre 1848.

Approuvé l'écriture ci-dessus.

(*Signature du maître.*)

Approuvé l'écriture ci-dessus.

(*Signature de l'apprenti.*)

Approuvé l'écriture ci-dessus, et bon pour autorisation.

(*Signature des père, mère ou tuteur.*)

ENGAGEMENT D'UN OUVRIER.

Entre nous, soussignés, A..., d'une part;

Et B..., d'autre part;

A été convenu ce qui suit; savoir :

Moi B..., m'engage à entrer chez A..., en qualité d'ouvrier, pour travailler pendant trois mois consécutifs, à partir de ce jour, moyennant la somme de *quatre-vingts francs*, et, dans le cas où je ne resterais pas chez lui pendant le temps ci-dessus fixé, à moins que ce ne fût pour cause de maladie ou de réquisition du gouvernement, je consens qu'il retienne la paie d'un *mois de mon travail ou* la somme de *cinquante francs.*

Moi A..., de mon côté, m'oblige à occuper ledit sieur B... pendant trois mois consécutifs, au prix de *quatre-vingts francs* pour les trois mois. Cette somme lui sera payée à l'expiration des trois mois.

Dans le cas où je congédierais le sieur B... avant la fin du temps fixé, à moins que ce ne fût pour cause d'inconduite, je m'engage à lui payer la somme de *trente francs* en sus de ce qui pourra lui être dû.

Fait et signé double, à..... ce.....

(*Signatures.*)

MODÈLE D'UN MARCHÉ.

Entre Pierre-Nicolas Jaquot, propriétaire, et la dame Louise Minette, son épouse, qu'il autorise, demeurant ensemble à Lyon, d'une part;

Et Nicolas Futil, entrepreneur de bâtiments, demeurant aussi à Lyon, d'autre part;

A été convenu et arrêté le marché suivant :

Le sieur Nicolas Futil s'engage par les présentes envers les sieur et dame Jaquot, qui acceptent, à construire et édifier à leur profit, sur un terrain appartenant à ces derniers, sis à Lyon, rue neuve, nº 7, les constructions mentionnées et expliquées dans le devis fait et arrêté aujourd'hui entre eux, sur deux feuilles de timbre, demeuré annexé aux présentes, après avoir été d'eux certifié véritable et signé.

Le sieur Nicolas Futil s'oblige à fournir la pierre de taille, le moëllon, la chaux, les sables, les plâtres, les ouvriers, les échafaudages et généralement tout ce qui sera nécessaire pour ces constructions, et de faire mener aux lieux indiqués par les réglements de police, les gravats et terres provenant des déblais et démolitions.

Ledit sieur Nicolas Futil commencera les travaux le premier mars prochain au plus tard, et les continuera sans interruption avec nombre suffisant d'ouvriers, de manière à ce que les constructions soient terminées dans le cours de huit mois au plus tard.

Le présent marché est fait moyennant la somme de trente mille francs, pour tous les ouvrages dont il s'agit; en déduction de laquelle somme, monsieur et madame Jaquot ont payé et avancé au sieur Nicolas Futil, en espèces d'argent au cours actuel, celle de six mille francs.

A l'égard des vingt-quatre mille francs restants, lesdits sieur et dame Jaquot s'obligent solidairement à les payer au sieur Futil en quatre paiements égaux de six mille francs chacun, de deux mois en deux mois, à compter d'aujourd'hui.

Il est convenu qu'à défaut de paiement exact d'un seul terme du principal, un mois après l'échéance, ce qui restera dû de la somme principale deviendra immédiatement exigible, si bon semble à monsieur Futil, après un simple commandement.

Pour sûreté et garantie de ladite somme de 24 mille francs, indépendamment du privilège accordé par la loi aux entrepreneurs de constructions, les sieur et dame Jaquot s'obligent à consentir hypothèque par-devant notaire, à la première réquisition du sieur Futil, sur le terrain ci-dessus indiqué, ensemble sur les constructions qui y seront faites en exécution des présentes; lequel terrain appartient auxdits sieur et dame Jaquot, qui en ont fait l'acquisition de monsieur Pierrefitte, propriétaire, moyennant huit mille francs qu'ils ont payés.

Il demeure enfin convenu que le dernier terme de six mille francs ne pourra être exigé par le sieur Futil qu'après que les travaux auront été achevés par lui, reçus par les sieur et dame Jaquot et reconnus parfaits au dire d'experts.

Fait double à ....., le .....

Approuvé l'écriture ci-dessus.

L'ENTREPRENEUR.

Approuvé l'écriture ci-dessus et bon pour pouvoir.

LE MARI.

Approuvé l'écriture ci-dessus.

LA FEMME.

MODÈLE DE MARCHÉ

DE L'ENTREPRENEUR AVEC LE MAÎTRE MAÇON.

Entre les soussignés,

Monsieur A..., entrepreneur de bâtiments, demeurant à Troyes, d'une part;

Et monsieur B..., maître-maçon patenté, demeurant aussi à Troyes, d'autre part,

A été convenu et arrêté le marché suivant :

Le sieur B... s'oblige, par les présentes, envers le

sieur A..., à faire et parfaire comme il convient, au dire de gens à ce connaissant, tous les ouvrages de maçonnerie détaillés dans le devis annexé au marché qui précède, dans une maison que le sieur A... s'est obligé à construire.

Le sieur B... s'engage à ne fournir que de bons matériaux, à n'employer que des ouvriers intelligents, à disposer et à tenir prêts, à la première réquisition du sieur A..., les pierres, moëllons, chaux, plâtre, ciment, enfin tout ce qui concerne son état.

Le présent marché est fait moyennant la somme de trois mille six cents francs, en déduction de laquelle le sieur B... reconnaît avoir présentement reçu du sieur A..., en espèces de cours, celle de mille six cents francs.

Pour le surplus, le sieur A... s'engage à le payer en deux termes : le premier de mille francs, dans quatre mois, et le second aussi de mille francs, quand les travaux seront entièrement terminés et reçus.

Fait double à ....., le .....

Approuvé l'écriture ci-dessus.	*Approuvé l'écriture ci-dessus.*
L'ENTREPRENEUR.	LE MAÎTRE-MAÇON.

ENGAGEMENT

DE FOURNITURE DE MARCHANDISES.

Entre nous, soussignés, A..., d'une part;

Et B..., d'autre part;

A été convenu et arrêté ce qui suit; savoir :

Moi, A..., je m'engage à fournir et livrer à B..., d'ici à deux mois, la quantité de deux cents décistères de bois équarris, à raison de cinquante décistères par quinzaine, moyennant la somme de mille fr., payable huit jours après l'entière livraison de la totalité, laquelle somme sera acquittée à cette époque par B..., qui s'y oblige par ces présentes.

Fait et signé double à P...., le ..... 184.

MODÈLES

DE VENTES MOBILIÈRES

ET IMMOBILIÈRES.

VENTE DE MEUBLES.

Entre les soussignés, Pierre Heurlot, propriétaire, et Nicolas Tutu, aussi propriétaire, demeurant tous les deux à Troyes;

A été dit et arrêté ce qui suit :

Monsieur Pierre Heurlot vend à monsieur Nicolas Tutu les objets mobiliers dont le détail suit : 1° (*énoncer et désigner tous les objets*), lesquels objets monsieur Pierre Heurlot a remis à l'instant à Nicolas Tutu, qui le reconnaît.

Cette vente est faite moyennant la somme de quatre mille francs, que monsieur Nicolas Tutu a payée à l'instant à monsieur Pierre Heurlot, qui le reconnaît et en donne quittance.

Fait double à ....., le

(*Signatures.*)

NOTA. Si les objets vendus sont nombreux, la désignation peut être faite sur deux feuilles de papier timbré signées des parties.

VENTE A L'ESSAI.

Entre les soussignés A... et B..., tous deux demeurant à B...,

A été dit et arrêté ce qui suit :

Monsieur A... vend à monsieur B... un cheval de quatre ans, couleur gris-pommelé ; lequel cheval monsieur A... a remis à l'instant à monsieur B.., qui le reconnaît.

Cette vente, faite moyennant la somme de trois cents fr. payables dans trois mois, est faite à l'essai et sous la condition formelle que monsieur B... se réserve d'éprouver le cheval pendant l'espace de quinze jours ; et, dans le cas où il trouverait qu'il ne lui convient pas, il pourra le rendre à monsieur A..., qui s'oblige de le reprendre, pourvu que la restitution soit faite avant l'expiration du délai fixé, et que le cheval soit en bon état.

Le délai qui vient d'être fixé est de rigueur, et, après son expiration, la vente sera définitive.

Fait double à ..., le ...

(*Signatures.*)

VENTE DE RÉCOLTE.

Entre les soussignés,

Monsieur A... et monsieur B..., propriétaires, demeurant à Maizières,

A été faite la convention suivante :

Monsieur A... vend à monsieur B... la récolte de

cinquante-deux ares vingt-quatre centiares de sainfoin sis au finage de Maizières, lieu dit les Gravières, pour la présente année, moyennant le prix de deux cents trente francs, que monsieur B... s'oblige de payer à monsieur A... le quinze août prochain, en un seul paiement.

Fait double à ..... le .....

(*Signatures.*)

VENTE D'UN OBJET QUELCONQUE.

Entre les soussignés,

Monsieur A..., cultivateur à Dampierre, et monsieur B..., négociant à Arcis,

A été convenu de ce qui suit; savoir :

Monsieur A... vend, par la présente, audit sieur B... (*désigner l'objet que l'on vend*), moyennant la somme de quatre cents francs, que ledit sieur B... paiera comptant au sieur A..., lequel paiement ledit sieur B... a de suite effectué, et dont le sieur A... le tient quitte et déchargé, et moyennant que ledit sieur B... prendra livraison, à ses frais et dans ce jour, de (*désigner l'objet*), ce que ledit sieur B... a consenti et accepté.

Fait double à ....., le .....

(*Signatures.*)

ÉCHANGE DE BIENS.

Entre nous soussignés, A..., d'une part,

Et B..., d'autre part,

A été convenu et arrêté ce qui suit :

Moi, A..., délaisse et abandonne, à titre d'échange, avec garantie de tous troubles, évictions et empêchements quelconques, audit sieur B..., ce acceptant pour lui, ses héritiers et ayant-cause (*désigner l'objet*), pour en jouir et disposer, par ledit sieur B..., comme de chose à lui appartenant en toute propriété et jouissance, à compter de ce jour.

Moi, dit B..., de mon côté, cède, abandonne et délaisse en contre-échange audit sieur A..., ce acceptant pour lui, ses héritiers et ayant-cause (*désigner l'objet*), pour en jouir et disposer par ledit sieur A..., copermutant, en toute propriété à compter de ce jour.

Le présent échange est fait de but à but, sans soulte ou retour de part ni d'autre.

Déclarons tous deux nous tenir respectivement quittes relativement audit échange, et renonçons à nous rien demander pour augmentation ou diminution de mesure desdits (*désigner les objets*), échangés, dont nous avons l'un et l'autre parfaite connaissance, et que nous conserverons en tel état qu'ils se composent et se trouvent, non plus que pour indemnité des servitudes qui peuvent exister sur lesdits biens.

Reconnaissons aussi que nous nous sommes fait réciproquement la remise des titres de propriété des (*désigner les objets échangés*), échangés et dont nous nous tenons quittes l'un et l'autre.

Le présent acte sera passé pardevant notaire à la première réquisition de l'une des parties.

Fait et signé double à..., ce...

(*Signatures.*)

BAIL D'UNE MAISON.

Entre nous, soussignés, A... d'une part et B... d'autre part,

A été convenu de ce qui suit :

Moi, A..., donne, par le présent, à bail à loyer et prix d'argent, à B..., ce acceptant, preneur, pour (*trois, six ou neuf*) années entières et consécutives, qui commenceront à courir (*indiquer l'époque de l'entrée en jouissance*), une maison sise (*indiquer le pays, la rue, le numéro*); ladite maison consiste en (*faire la description de la maison*), tous lesquels lieux le preneur déclare les avoir vus et visités.

Le présent acte est fait moyennant un loyer annuel de mille francs, que B... s'oblige de payer à moi, A..., en sa demeure, en quatre paiements égaux et par trimestre. Le premier paiement sera exigible le (*préciser la date*), le second trois mois après, et ainsi de suite jusqu'à la fin du bail.

Le bailleur se réserve de résoudre le présent bail, soit dans le cas où il voudrait occuper par lui-même la maison louée, soit dans le cas où il la vendrait, et ce, sans indemnité de sa part et sans diminution de loyer, mais en avertissant le preneur, dans ces deux cas, six mois d'avance et par écrit.

Celle des parties qui voudra donner congé à l'autre, sera tenue de la prévenir trois mois d'avance avant l'expiration de chaque période de trois ans.

Fait double et de bonne foi entre les parties, le ..., à ......

(Chaque partie doit signer, en faisant précéder son nom de ces mots : *Approuvé l'écriture ci-dessus.*)

NOTA. 1° Si au lieu de louer pour trois, six ou neuf années, on loue pour un temps déterminé, quatre ans, cinq ans, on exprime dans le bail la durée qu'il doit avoir en fixant le jour de l'entrée en jouissance et celui de l'expiration;

2° Si on veut empêcher de sous-louer à certaines personnes, on exprime celle qu'on exclut, car le locataire peut céder à tout autre; mais il est mieux de prohiber la sous-location et la cession sans le consentement du bailleur;

3° Si le preneur paie une somme pour les six derniers mois de jouissance, ou si, d'après l'usage des lieux, il paie ses loyers tous les six mois, on l'exprime dans le bail; en un mot, comme chaque localité a ses usages particuliers, on peut les énoncer, ou, si l'on veut y déroger et ne pas s'y conformer, il est bon de l'exprimer, car tout ce qui n'est pas régi par la convention se règle par l'usage des lieux;

4° Le bailleur est tenu de stipuler une clause de résolution pour le cas d'habitation personnelle ou de vente, s'il entend se réserver ces droits; mais le locataire doit rarement accepter une pareille convention, parce qu'il dépend du bailleur de faire cesser le bail, ce qui est dispendieux pour un preneur qui a fait les frais d'installation.

Il est utile qu'un bail soit enregistré, car, si un créancier du propriétaire saisit la maison, le bail n'ayant pas date certaine, le créancier ou l'adjudicataire peuvent en demander la nullité.

CONTINUATION DE BAIL.

Entre nous, soussignés, etc.

Sommes convenus que le bail sous-seing privé de... (*désigner l'objet*), fait entre nous le... (*la date*) et qui doit expirer le... (*la date*), continuera d'avoir un nouveau cours et effet pour le même temps, et aux mêmes clauses, charges et conditions que celles qui y sont exprimées, et moyennant le même prix pour chacune desdites... (*trois, six ou neuf*) années, que le preneur s'oblige et promet de payer à moi, bailleur, aux termes et ainsi qu'il est porté au bail ci-dessus relaté.

Fait et signé double à... le...

(Signatures).

BAIL A CHEPTEL SIMPLE.

Entre M. A... (*prénoms, noms et demeure*),

Et M. B... (*prénoms, noms et demeure*),

A été convenu ce qui suit :

M. A... donne à cheptel simple, pour trois années, du 1er novembre 1847, au sieur B..., cultivateur, qui l'accepte, un fonds de bétail composé de 1° cinquante brebis et trois béliers marqués VS;

2° De quatre bœufs dont deux sous poil rouge, et les deux autres sous poil noir et blanc, lesquels bestiaux appartiennent au bailleur, et seront remis en la possession du preneur, ledit jour 1er novembre 1847.

Conformément à l'usage, le sieur B... profitera seul du laitage, des fumiers et du travail des animaux, et les laines et le croît seront partagés par moitié entre lui et le sieur A...

Ce bail est fait aux charges, clauses et conditions suivantes :

1° Le preneur sera tenu de nourrir lesdits bestiaux à ses frais, de les gouverner et héberger convenablement, et de veiller à leur conservation;

2° Il ne pourra faire aucune tonte sans en avoir prévenu le bailleur huit jours avant;

3° Il ne pourra disposer d'aucune bête du fonds ou du croît sans le consentement du bailleur, qui lui même n'en pourra disposer sans le consentement du preneur;

4° Le fonds dont il s'agit est estimé parties valoir la somme de... (*énoncer l'estimation*) francs, et ce sera sur cette somme que se règlera, à l'expiration du bail, le profit à partager ou la perte à supporter par moitié entre le bailleur et le preneur;

5° Pour constater, à l'expiration de ce bail, le profit ou la perte, il sera fait, à cette époque, une nouvelle estimation des bestiaux remis au sieur B..., par deux experts dont les parties conviendront, et qui pourront s'adjoindre un troisième expert en cas de partage. S'il se trouve alors du profit, le bailleur prélèvera des bêtes de chaque espèce jusqu'à concurrence de la première estimation, l'excédant sera ensuite partagé par moitié; si au contraire il y a perte, le bailleur prendra ce qui restera du fonds, et le preneur lui paiera la moitié de la perte;

6° Le bailleur et le preneur auront réciproquement la faculté d'exiger, quand bon leur semblera, le partage du croît et de la tonte des laines; le partage des croîts n'aura lieu, néanmoins, qu'après qu'il aura été constaté par une prisée, que le fonds de cheptel n'est pas diminué de valeur. Dans tous les cas, le profit seul sera mis en partage, en sorte qu'il sera toujours pris sur les croîts avant partage, de quoi remplacer les diminutions de valeur du fonds de bétail ;

7° Si le cheptel périt en entier, sans la faute du preneur, la perte en sera pour le bailleur; s'il n'en périt qu'une partie, la perte sera supportée en commun, d'après le prix de l'estimation originaire et celui de l'estimation à l'expiration du bail ;

8° Le preneur ne sera tenu des cas fortuits que lorsqu'ils auront été précédés de quelques fautes, sans laquelle la perte ne serait point arrivée;

9° Dans tous les cas, le preneur sera tenu de rendre compte des peaux de bêtes ;

10° Le présent bail sera résilié de plein droit à défaut, par le preneur, de satisfaire à l'une ou à l'autre des conventions qui précèdent.

Fait double et de bonne foi à...., le....

Chaque partie signe, en faisant précéder sa signature de ces mots : « Approuvé l'écriture ci-dessus. »

BAIL CHEPTEL A MOITIÉ.

Entre M. A. (*prénoms, nom et demeure*),

Et M. R. (*id. id. id.*),

A été convenu de ce qui suit :

M. A., propriétaire, et le sieur R., cultivateur, mettent en société, à titre de cheptel à moitié, entre les mains dudit sieur R., pour trois années, à commencer du 1er janvier 1848, le fond de bétail ci-après désigné, savoir : de la part du sieur R., la quantité de cent brebis et dix béliers marqués des lettres S.R. ; de la part du sieur A., la quantité (*énoncer la quantité*). Le sieur

R. jouira, à *titre de preneur*, pendant lesdites trois années, des animaux ci-dessus désignés et mis dans la présente société, et il profitera seul des laitages et fumiers. Ce bail est fait en outre aux conditions suivantes : 1° le preneur sera seul chargé de nourrir, héberger et soigner les bestiaux ci-dessus désignés ; 2° les laines et croîts seront partagés par moitié à la fin de chaque année du bail ; 3° les bêtes qui auraient péri sans la faute ou la négligence du preneur, pendant le cours du bail, seront remplacées sur les croîts avant tout partage. Les peaux des bêtes seront également partagées. Le *preneur ne pourra tondre* sans avoir prévenu le bailleur huit jours d'avance, et le bailleur, de son côté, ne pourra faire faire les tontes que dans les temps accoutumés.

Fait double et de bonne foi à .... (*comme dans ceux qui précèdent*).

BAIL DE PATURAGE.

Entre nous, M. A. B. (*prénoms et demeure*),

Et N. B. (*prénoms et demeure*) ;

M. A. B. fait bail pour deux années, à commencer du 1er novembre 1848, au sieur B., qui l'accepte, du pâturage suivant l'usage du pays, de six mères vaches, et des veaux qu'elles pourraient produire dans l'herbage de (*désigner le lieu possédé par ledit sieur B.*). Le preneur s'oblige de veiller à la garde des bestiaux et à prendre les précautions nécessaires pour que les plantations et clôtures n'en éprouvent aucune atteinte. Ce bail est fait moyennant soixante francs de fermage annuel, que le preneur promet et s'oblige de payer au bailleur, en la demeure de celui-ci, en deux paiements égaux, de six mois en six mois et à l'échéance; en sorte que le premier paiement aura lieu le premier mois de l'année 1849, le second le premier novembre suivant, pour continuer ainsi jusqu'à la fin du bail.

Fait double et de bonne foi entre les parties, à ... (*le lieu, les jour, mois et an*).

MODÈLE

D'UN PROCÈS-VERBAL DE GARDE-CHAMPÊTRE.

L'an mil huit cent quarante-huit, le vingt janvier, à onze heures du matin, nous, soussigné, Pierre-Nicolas Vitry, garde-champêtre de la commune de Sousse, résidant à (*domicile*), dûment assermenté;

Certifions qu'étant porteur du signe caractéristique de nos fonctions, et faisant notre tournée ordinaire pour la conservation des propriétés confiées à notre garde, en passant dans le chemin connu sous la désignation de (*préciser le lieu*), conduisant à (*mettre le nom*), nous avons trouvé dans un fond de terre (*pré ou champ, et alors indiquer s'il est ou non ensemencé, et préciser les tenants et aboutissants*), et qui appartient au sieur A..., propriétaire en cette commune, un troupeau de moutons (*ou une vache, un cheval*) que nous avons reconnu appartenir au sieur C....., propriétaire en ladite commune, ledit troupeau paissant dans la pièce de terre sus-énoncée, sous la garde du sieur D...., âgé de (*indiquer l'âge*), domestique au service dudit sieur C., et demeurant avec lui. Nous avons sommé ledit D... de faire retirer sur-le-champ son troupeau de la susdite pièce de terre; ce qu'il a fait à l'instant. Nous avons évalué le dommage causé par le troupeau à la somme de (*indiquer la somme*), et déclaré audit D... que nous allions dresser notre procès-verbal tant contre lui que contre ledit sieur C..., son maître, comme civilement responsable de ses faits; ce que nous avons à l'instant fait en sa présence et avons signé.

Fait à ....., le .....

(*Signature.*)

VENTE D'UN IMMEUBLE.

Entre les soussignés, monsieur François Nolle, propriétaire à Donnement, d'une part,

Et Pierre-Isidore Chaput, cultivateur, demeurant à Bar-le-Duc, d'autre part,

A été convenu de ce qui suit :

Monsieur Nolle vend, par ces présentes, sous les garanties de droit, à Chaput, ce acceptant, cinq ares vingt-cinq centiares de terre sis finage de Bar-le-Duc, lieu dit les Fleuriottes, tenant du levant à Nicolas Chollier et du couchant à Pierre Lavigne, d'un bout et d'autre à des aboutissants.

Ainsi, au surplus, que cet immeuble se consiste, poursuit et se comporte sans aucune exception ni réserve de la part du vendeur, qui ne sera pas garant de la quantité superficielle sus-exprimée, sous déficit comme sous excédant, fût-il même au-delà d'un vingtième, devant profiter ou préjudicier à l'acquéreur, qui déclare parfaitement connaître ladite pièce de terre. l'accepter dans son état actuel et s'en contente.

Cet immeuble appartient à monsieur Nolle au moyen de l'acquisition qu'il a faite à monsieur Perrin, boulanger à Bar-le-Duc, suivant acte reçu monsieur Despaquit, notaire à Saint-Dizier, le cinq juin mil huit cent quarante.

Pour, par monsieur Chaput, jouir, faire et disposer de l'immeuble présentement vendu en pleine propriété à partir de ce jour.

A la charge par lui, qui s'y oblige,

1º D'acquitter, à partir de ce jour, les contributions foncières et autres de toute nature imposées ou à imposer sur l'immeuble vendu ;

2º Et de souffrir les servitudes passives de toute espèce qui peuvent et pourront grever ledit immeuble, sauf à jouir de cette action, s'il en existe.

Cette vente est ainsi faite et moyennant la somme de *quatre cents francs*, en prix principal et pour toutes choses que l'acquéreur a payée au vendeur, qui le reconnaît, et lui en donne toute quittance sans réserve.

Fait double, à Bar-le-Duc, entre les soussignés, ce trois mars mil huit cent quarante-trois.

(*Signatures.*)

FIN.

— Corbeil, typographie de Crété. —

www.ingramcontent.com/pod-product-compliance
Ingram Content Group UK Ltd.
Pitfield, Milton Keynes, MK11 3LW, UK
UKHW012041240726
13965UKWH00003B/944

9 782013 604703